机器人即将抢走你的工作

（美）费德里科·皮斯托诺◎著
(Federico Pistono)
李芳龄◎译

SPM
南方出版传媒
广东经济出版社
—广州—

图书在版编目（CIP）数据

机器人即将抢走你的工作/（意）费德里科·皮斯托诺（Federico Pistono）著；李芳龄译. —广州：广东经济出版社，2017.4
ISBN 978-7-5454-5295-2

Ⅰ. ①机… Ⅱ. ①费… ②李… Ⅲ. ①机器人技术-应用-研究 Ⅳ. ①TP249

中国版本图书馆 CIP 数据核字（2017）第 048303 号

Robots Will Steal Your Job, But That's OK: how to survive the economic collapse and be happy
Federico Pistono
ISBN: 978-1479380008
All Rights reserved. No part of this publication may be reproduced or transmitted in any form or by any means, electronic or mechanical, including without limitation photocopying, recording, taping, or any database, information or retrieval system, without the prior written permission of the publisher.
This authorized Chinese translation edition is published by Guangdong Economy Publishing House, Co., Ltd. This edition is authorized for sale in the People's Republic of China only, excluding Hong Kong, Macao SAR and Taiwan.
Copyright © 2017 by Guangdong Economy Publishing House, Co., Ltd.
本书简体中文译本由大块文化出版股份有限公司授权使用
版权合同登记号：19-2016-132

出 版 人：姚丹林
责任编辑：陈念庄 黄 炘

出版发行	广东经济出版社（广州市环市东路水荫路 11 号 11～12 楼）
经销	全国新华书店
印刷	惠州报业传媒印务有限公司 （惠城区江北三新村惠州报业传媒大厦 1610 室）
开本	730 毫米×1020 毫米 1/16
印张	10.75
字数	165 000 字
版次	2017 年 4 月第 1 版
印次	2017 年 4 月第 1 次
印数	1～5 000
书号	ISBN 978-7-5454-5295-2
定价	48.00 元

如发现印装质量问题，影响阅读，请与承印厂联系调换。
发行部地址：广州市环市东路水荫路 11 号 11 楼
电话：（020）38306055 37601950 邮政编码：510075
邮购地址：广州市环市东路水荫路 11 号 11 楼
电话：（020）37601980 营销网址：http://www.gebook.com
广东经济出版社新浪官方微博：http://e.weibo.com/gebook
广东经济出版社常年法律顾问：何剑桥律师
·版权所有 翻印必究·

谨将本书献给那些致力于为人类创造更美好世界的卓越人士。亦将本书献给新兴且成长中的开放式科学、开放式教育、开放式文化、创作共享，以及自由软件运动等时代精神，你们是这个世代的英雄，为我们带来未来的希望。

推荐序

影响全球数十亿人的课题。

戴维·欧尔班 David Orban

2012 年 10 月，纽约

费德里科在 2012 年初洽询我是否愿意和他交换意见，我欣然同意。起先，我们互通电子邮件，很快就进展到在线语音和视频交谈，几天后，我们约定碰面，他来造访我，并和我及我的家人欢聚。

和费德里科共处，感觉犹如阳光暖照，他对自己关注的议题所展现出来的热情、好奇心与高度兴趣，以及他乐于与人分享经验的态度，都令人忍不住喜欢上他。我们有很多共同话题，彼此引述了许多书籍和文献；得知我们研读相同数据，真是愉快极了。我们也向彼此提到全球性行动与组织，发现两人都在追踪这些行动与组织的发展情形，或者积极参与其中。

这篇推荐序不仅仅是简短地介绍这本书的作者，以及我和他接触、互动的经验，我认为，从这篇推荐序也可一窥愈来愈多人如何运用时间对自己感兴趣的事务采取行动——使用科技与在线沟通工具寻找怀抱相同目标的人，迅速建立互信，再使用灵活的工具通信、共同行动，有效推动共同目标。简言之，这是一条人与人相互连通的快速途径！

这本书对我们现今面临的一个基本课题，做出了聪颖、幽默、周详且重要的探讨。得知费德里科正在撰写书稿，而且他在 2012 年夏季毕业于奇点大学（Singularity University），可以运用所学来丰富他的观点，这使我对此书充满期待。费德里科在书中提供具有知识性、可据以行动的详细信息与分析，内文探讨的这些课题将影响全球数十亿人，在未来的科技、变迁与环境下，我们全都得重新定义我们在人生中的角色、目标与目的。

许多人正在为我们面临的最迫切问题研议各种技术性方法，纵使任何一个方法都无法令我们有十足的把握，但从统计上来说，我们可以仰赖其中某一方法，然后快速扩展。因此，重点是聚焦于人：我们人类是无法轻易除错、调整的生物，想改正人类的倾向和谬见，其困难程度远甚于更新任何机件。为了策划出一个充满惊奇美妙的繁荣未来，必须让尽可能多的人觉察、认知到我们眼前的机会，所以我非常振奋于本书的问世，也很高兴读者选择阅读这本书。若喜爱此书，希望你也向那些在未来将与你一起生活、工作，与喜爱这个世界的朋友推荐此书。

（本文作者为 Dotsub 公司执行长、奇点大学顾问暨教职人员）

作者序

世界不断变化，多一点了解与适应。

多年来，我一直想写一本书，但从未能够下定决心完成这个目标。每当我对一个主题感兴趣时，就开启了一个我尚未涉猎过的全新领域，引领我去探索并了解另一个事物的领域。然而，我在相关领域中钻研得愈多，有待我探索的事物就愈多。每当我以为自己对一个主题已经有相当程度的了解时，总会有新东西冒出来，挑战我先前的假设，于是我又再度钻研起来。

或许是因为我天性好奇，而且兴趣太广泛，长期钻研一个特定主题，对我而言是蛮辛苦的一件事。2011 年 10 月，我行遍欧洲，一方面思考自己的未来，同时也为我的下一场演讲做准备，最后我决定，该是我做出改变的时候了。

在瑞典旅行的一个雨天，我认知到，写一本有关如何改变、调整社会认识的上千页著作，是个不切实际的目标，而且或许也有点妄自尊大。题材太多，也太复杂，我根本没有足够的时间在一本书中妥善处理好，所以我决定挑选并聚焦于最迫切的课题。我想到“环境永续”和“气候变迁”等议题，但已经有很多一流书籍探讨过这些主题，而且那些作者的资历远胜于我。我也想到“未来科技”和“人工智能”等议题，但同样市面上已有很多探讨这些主题的一流书籍。后来，我发现，有一项个人与社会面临的最迫切课题被过度忽视，那就是科技正在取代人力。

截至目前，探讨这项议题的作者很少，而我决定填补这个空缺。本书的读者将不是学术象牙塔里的人士，而是一般大众。毕竟，受此趋势影响最甚的，将是一般工作者，而且鲜少人以简单明了的语言来解释相关复杂题材。我向自己许诺，我要把这本书写成易读易懂、对改革者有实际帮助的资源，不论他们是政治人物、科技慈善家还是执行长。

在撰写这本书的过程中，我面临的最大困难之一，就是要决定涵盖哪些内容，我衷心希望我在这方面可以拿捏得很好。这是一个复杂的主题，而且这本书是我的第一本著作，不可能尽善尽美。各位读者的反馈意见，不论褒贬，都有助于我在未来的版本中做出改进。

我希望这本书可以促使各位思考自己的未来，引领各位更了解周遭的世界，帮助各位适应无边无际、惊奇连连的变化。与此同时，或许该作品能让读者多一点微笑，也变得更幸福一点。

如果这本书成功做到这些，那么我投入的时间与精力就值得了。

前　言

你并非无可取代！

你即将过时，有被淘汰之虞。

你以为自己很独特，不论你从事的是什么工作，如果你认为自己不可能被取代。那你错了！就在此时此刻，计算机科学家们创造出来的无数算法，正在世界各地无以计数的服务器上飞速运转，它们只有一个目的：执行人类所做的任何事，而且做得更好。这些算法是智能型计算机程序，渗透我们的社会基底，它们做出财务决策、预测天气，也预测接下来哪些国家会爆发战争。很快地，留给我们人类的工作将所剩无几，机器将大举接掌。

你大概觉得这听起来像是未来主义狂想曲吧？或许吧，但目前仍属偏激一类的思想家、科学家和学者所提出的观点，他们视科技的进步为一股颠覆破坏的力量，很快就将永久、彻底地改变我们整个社会和经济体系。他们认为，机器和计算机智能取代人力的发展趋势将在未来数十年更为显著，这种变化将急剧到令市场无法为失业者创造新的就业机会，使失业不再只是景气循环的现象之一，而是变成结构性失业，无法扭转——这将是就业市场的末日世界。

多数经济学家驳斥这种论点，许多经济学家甚至根本不探讨这个课题，而那些探讨此课题的经济学家则是声称市场总会自己找到出路。他们认为，机器取代旧工作的同时，会有新工作出现，拜人类智慧和成长需求之赐，市场一定会找到出路，尤其是在现今这个连接性与全球化持续扩展的大众市场里。

本书尽量避免凭借信念、直觉或预感来做出判断，我尝试根据至今可得到的证据做出理性推理。

本书分成三部分，第一部分探讨技术性失业，以及它对工作与社会所造成的冲击。我选择聚焦于美国经济，但同理适用于绝大多数的工业化国家。第二部分检视工作的本质，以及工作和幸福之间的关系。在第三部分，我大胆尝试为如何应付前两部探讨的课题提出一些务实建议。若要对每一部探讨的课题做到详尽的检视与分析，需要投入太多精力和人力，有可能会产生数千页的内容，远远超出本书的目的。我的意图并不是要撰写一份详尽的学术报告，而是要引发讨论，探讨我认为很快就会演变成我们个人及整个社会面临的最大挑战之一的一个发展趋势。

我们常将各种课题区分开来进行个别探讨与处理，这并不能认知到它们在现实中的相互关联性，这种错误导致我们脆弱而容易受到伤害。在过去 70 年，我们自己创造了走向毁灭的舞台，我们变得愈来愈不满，人际关系质量恶化，迷失而搞不清楚什么才是真正重要的东西。

今天，就像美国喜剧演员路易・C. K. （Louis C. K. ）说的那样：事事令人惊奇，但没人感觉到幸福。是时候后退一步，想想未来该何去何从了。

我们开始吧！

致　谢

在展开撰写此书的计划时，我心里想着要尝试非传统的书籍出版途径，这可以说是一种社会性实验，我不打算循着寻常流程，找个出版经纪人，然后也许获得一家出版公司的出价，最多让我拿10%的版税（若一切顺利的话）。我决定开辟一条非常不同的途径。

我心想，这本书是为了愿意阅读它的人而写的，不是为了出版商而写的，若人们相信我、相信这本书的撰写计划，就会展现支持，否则就罢了。当然，自己做比依赖他人要困难些，你必须持续证明你的信誉，建立粉丝群，进行访谈，撰写文章，然后自行处理营销宣传事宜，和读者建立信任关系。

我决定使用众筹网站 IndieGoGo，仅仅几周，就有 78 人决定支持我的写书计划，超出我原先的募资目标 130%，让我得以雇用一位专业设计师为本书设计封面，并送出几本书给朋友当礼物。

本书的原文初版有一些错字，也需要进一步的校对修正，读者现在可买到的 2014 年修订版，应该已经修正了这些错误。对此，我必须感谢我的友人伊曼纽·奥图（Immanuel Otto）及亚当·华特豪斯（Adam Waterhouse）。

在我的网站 robotswillstealyourjob. com/supporters 上，有一份名单列出在推销此书期间支持我的前瞻思维人士，他们当中有多位尤其慷慨，我想在此特别致上谢忱，包概班·麦克雷希（Ben McLeish）、马可·巴塞提（Marco Bassetti）、丹妮埃拉·曼辛纳里（Daniele Mancinelli）、马克·韩森（Mark Henson）、贾斯汀·葛瑞斯（Justin Gress）、艾力克·伊泽奇里（Eric Ezechieli）和强纳生·贾维斯（Jonathan Jarvis）。

我也感谢在真实生活和虚拟世界中对我提供宝贵意见的所有朋友，以及我的脸书专页粉丝和推特的追踪者。

谢谢你们，你们太棒了！

目 录

第一部 自动化与失业

第二部 工作与幸福

第三部　解方

附　　录

第一部

自动化与失业

第1章　当前的失业情形

我们通常借由阅读新闻和环视周遭世界来意识境况有多好或多坏。我们检视自身的生活，和邻居交谈，阅读报纸、部落格、推特文和看电视，只有极少数人会花时间自行查证冗长、乏味的经济合作暨发展组织数据统计库（OECD Factbook）或美国劳工统计局提供的统计表。各大报的商业版上充斥着财经术语，无助于那些对经济体系错综复杂性不熟悉的人们清楚了解实际状况与发展，结果是，多数人根本不知道实情。快速检视美国及欧洲近年的就业成长统计数字，至少会让我们稍微心生忧虑。

美国政府在2011年7月发布的一份报告显示，美国经济体系当月创造了117000个新就业机会，《纽约时报》（*The New York Times*）据此刊登了一篇乐观报道，标题为《美国在七月展现更强劲的稳定成长》（*US Posts Stronger Growth in July*）。但是，这个虚假希望的背后，隐藏着可怕的事实：虽然就业机会增加了117000个，却不敷人口成长（美国每月人口约增加13万人），更遑论填补2008—2009年经济大衰退期间流失的1230万个工作饭碗。

我们还可以在这篇报道的后文中发现更多问题，官方发布的失业率为9.1%，这已经是够吓人的数字了。但更令人忧心的是，有840万人因为无法找到全职工作，只能做部分工时工作，另有110万人因为觅职屡屡受挫而变得太气馁，索性就不再找工作了。如果把这些人也包含在内，美国2011年7月的更广义失业率应为16.1%，请静心想想，堪称全球最富有国家的美国，2011年7月的失业率为16.1%！

仿佛这还不够黯淡似的，令人发愁的数字不止于此，美国只有58.1%的人口在就业中，是近30年间的最低水平。据加州大学伯克利分校哈斯商学院（Haas School of Business, UC Berkeley）教授劳拉·丹卓雅·泰森（Laura D'Andrea Tyson）推估，就算美国经济体系能够在可预见的未来每月创造208000个新就业机会，也必须迟至2023年才得以完全填补这个缺口。由于私人部门和政府做出的重大努力，美国的失业率在2012年1月降至8.3%。不过，若我们做出少许调整，考虑因为经济理由而从事部分工时工作者，以及仅仅稍微参与劳动力的丧志劳工，长期失业率几乎和前一年同期差不多。更糟的是，劳动力参与率只有63.7%，是1983年以来的最低水平（别忘了，在1983年时，女性还未大量进入劳动力市场），从该年之后，劳动力参与率年年持续下滑。

麻省理工学院（Massachusetts Institute of Technology，MIT）经济学家艾瑞克·布尔优夫森（Erik Brynjolfsson）和安德鲁·麦克菲（Andrew McAfee），在其合著的《与机器竞赛》（*Race Against the Machine*）中对此问题做出了详尽分析。他们探讨当前的失业危机，尝试提出一些解决方法，包括改革教育和经济诱因制度、提倡创业精神等。虽然我赞同他们的分析，但我认为他们提出的解决方法局限在至今已奏效的方法，似乎假设经济诱因制度、人们的动机，以及人性本身等都是近乎永远不变的东西。法国启蒙时代思想家伏尔泰（Voltaire）曾经说过："工作使我们远离三害：无聊、恶行和匮乏。"无疑，截至目前，拥有一份工作的确是对抗这三害的重要力量，但我不认为这是对抗此三害的唯一之道，我在后文会探讨个中原因。

还有其他作者探讨相同议题，杰里米·里夫金（Jeremy Rifkin）是最早认真思考这个问题的作者之一，他在1995年出版的《工作末日》（*The End of Work*）一书中预测，信息科技将打破数千万制造业、农业及服务业工作者的工作饭碗，导致全球的失业人口增加。里夫金探讨自动化对蓝领阶级、零售业和批发业员工带来的严重冲击："在一小群企业经理人和知识型工作者因为高科技全球经济而获益时，美国的中产阶级却持续萎缩，职场上的压力有增无减。"里夫金或许在一些细节上有误，但他的宏观预测准确到几乎可以说是先知。过去20年，我们已经看到美国中产阶级的逐渐消失，成本提高、所得降低，最富有的美国人囊括的财富远甚于以往。

欲了解财富的创造与分配有多么不均，以及自1979年以来的持续恶化情形，我们可以参照图1－1。从图1－1中可以看出，自1979年以来，美国超过80%的平均家户所得大致维持不变，但最高1%的所得却大幅上升，尤其是自1994年以后。更显著而发人深省的变化是税后所得分配，参照图1－2。

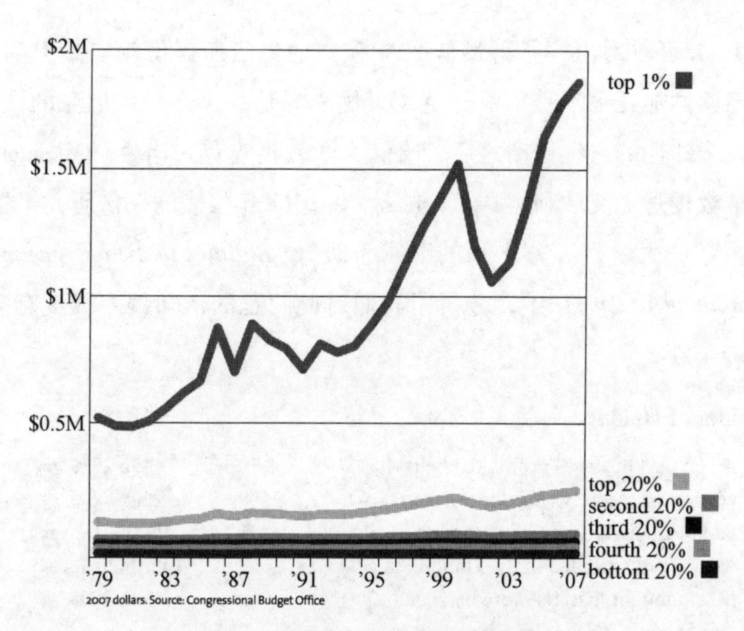

图1－1　美国平均家户所得（税前）

2007年美元币值，资料来源：美国国会预算办公室（Congressional Budget Office）

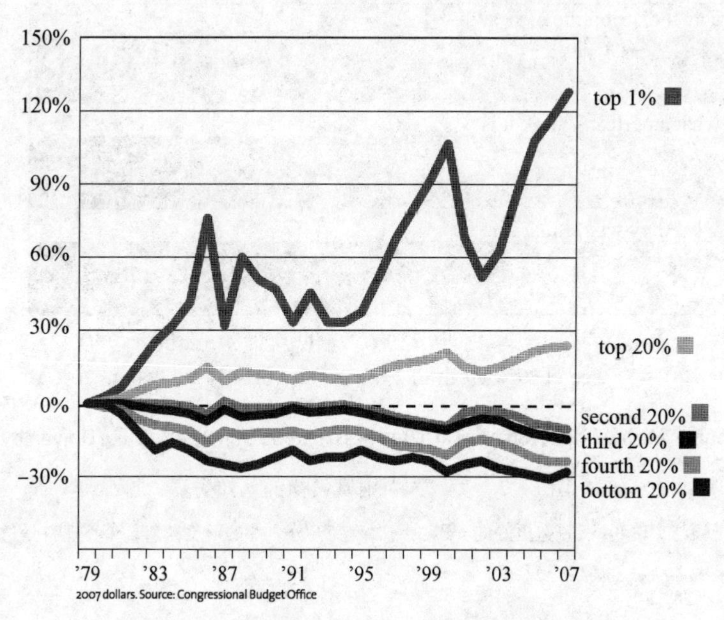

图1－2　美国平均家户所得分配的变化（税后）

2007年美元币值，资料来源：美国国会预算办公室从图 1 –2 可以看出，所得最低 80% 家户的税后所得份额实际上明显降低，但所得最高族群却几乎不受影响。更令人忧心的是，大众对此现象的认知失真，纵使在爆发全球性的占领行动之后，哈佛大学教授麦克 · 诺顿（Michael Norton）和杜克大学教授丹 · 艾瑞利（Dan Ariely）在 2011 年发表的一份研究报告《打造更好的美国：一次改变五分之一的财富阶级》（*Building a Better America — One Wealth Quintile at a Time*）中，分析了我们对此问题的认知偏差程度有多大，参见图 1 –3。

Out of Balance

A Harvard business prof and a behavioral economist recently asked more than 5,000 Americans how they thought wealth is distributed in the United States. Most thought that it's more balanced than it actually is. Asked to choose their ideal distribution of wealth, 92% picked one that was even more equitable.

top 20%
second 20%
third 20%
fourth 20%
bottom 20%

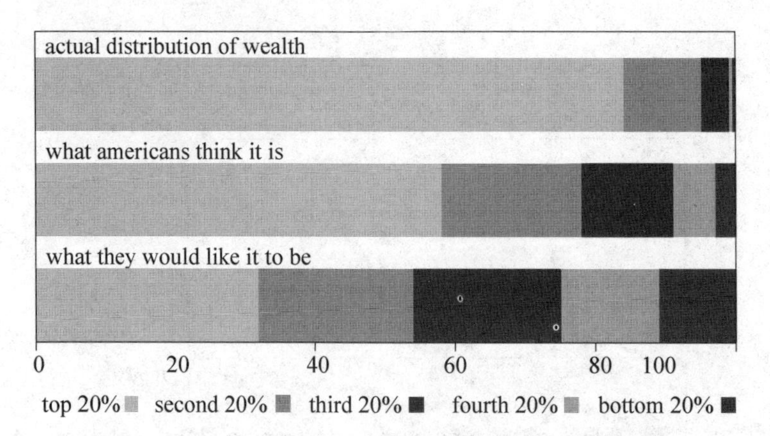

Source: Michael I. Norton, Harvard Business School; Dan Ariely, Duke University

图 1 –3　美国人对财富失衡的认知失真

资料来源：诺顿与艾瑞利，《打造更好的美国：一次改变五分之一的财富阶级》《心理科学透视》（*Perspectives on Psychological Science*）期刊

历史证明，里夫金的预测是正确的，中产阶级正在消失中，最富有者变得更富有，而且我们根本不了解实际的情况有多糟。问题是，里夫金对工作和自动化

的见解，是否也正确呢？

马丁·福特（Martin Ford）使用其创业家和软件工程师的观点，对此课题做出探讨。他在2009年出版的著作《隧道之光》（*The Lights in the Tunnel*），旨在说明为何自动化将无可避免地导致结构性失业，数以百万计的人们，不论是高技能或低技能工作者，很快就会失去工作饭碗，而且捧回饭碗的机会渺茫。此后，福特在知名的新闻网站上，撰写了许多相关主题的文章，这引起大众再度关注技术性失业的问题。他也是我决定撰写此书的灵感源头之一，不过，和布尔优夫森及麦克菲的著作一样，我并不认为福特建议的解决方法可行，也不认为它们在多数情况下是令人满意的解决方法。

这些作者全都指出了一个重大问题，也运用他们的知识、技能、分析和背景，尝试提出可行的问题解决方法，但身为这些著作的读者，我认为这些论述有所疏忽，思虑有所遗漏。我认为，他们是在无解的背景下试图寻找解决方法。

在继续说明我的观点之前，我必须先声明，我提到的这些作者，全部都是具有高度资格且非常有智慧的专业人士，他们的学术和工作经验远胜于我，这是毫无疑问的。但是，他们并非出生于世事在短短几年内急剧变化的时代，他们必须适应世事快速变迁的趋势；他们不是出生于创造这种大规模加速变化的时代，而我则是有幸隶属于这个时代。我目睹自由软件与开放源码运动的崛起，见证其发展成地球上最强大的力量之一。我在孩童时代梦想有一小群聪慧之士致力于改变世界，这个梦想已经成真。目睹这些事件发展成无所不在的现象，看到它们蓬勃发展，使因循守旧的在位者心生害怕、使革命者振奋，真是令人兴奋。

也许，我的看法并不正确，纯粹是出自年轻人的自负，在无知中自得其乐，但也可能有超越我个人之外、透过我来表达的几分实情真理。这本书是集合了我访谈的人士、我阅读的书籍，以及我在因特网这个不断扩增连接的赛博格上的体验而形成的集体智慧，我的观点虽然不能代表我所属的时代或整个网络世界的意见，但不可否认的是，多年来，这些智慧之见形塑我、影响我、指引我，现在我只是混合我接收到的东西，这是一种社会性进化：复制、转化与结合。①

---

① 我强烈推荐柯比·佛格森（Kirby Ferguson）制作的四节短片《一切都是混搭》（*Everything is a Remix*），这是我看过探讨此一主题的最佳作品之一。

不过，还有另一种可能性，那就是包括我本身和这些作者在内，我们可能全都错了，主流经济学家和分析师们的观点可能正确。我们可能并不充分了解一些基本的经济概念，我们的分析只不过是谬论，或许正确了解经济学，再多了解过去一点，就能化解这些谬见。毕竟，失业率的起伏已经存在数百年，在经济结构并未显著改变的情况下，失业率最终还是恢复至人们熟悉的水平。伴随崭新技术的问世，我们周而复始地从一个产业迈向另一个产业创造新的就业机会，一切安然无恙。经济学家对此现象取了一个名称，这个名称源起于一个遥远的历史故事，在进一步申述我的观点之前，容我先向各位述说这个故事。

哈佛商学院教授麦克·诺顿和杜克大学行为经济学家丹·艾瑞利，询问5000多位美国人对美国财富分配情形的看法，多数人认知的财富分配均衡程度高于实际均衡程度。当他们请这些受访者选择理想的财富分配情形时，92%的受访者选择的理想均衡程度，更甚于实际均衡程度和他们认知的均衡程度。

第2章　卢尔德谬论

时间是18世纪末期，地点是英格兰，一位名为内德·卢尔德（Ned Ludd）的男孩，是来自莱斯特市郊外安斯蒂村（Anstey，Leicester）的纺织工人，他不知道自己日后将名垂青史。

卢尔德是编织机编织工作的学徒，但他不受教、也不喜爱这份工作，工作时不认真，他的师傅不高兴，向地方官抱怨，地方官下令对他施以鞭罚。挨鞭的卢尔德抓起一把铁锤，捣毁令他痛恨的编织机，这个行为被代代传述，卢尔德因此名垂青史，故事大致就是这样。

一如每一则传说，这个故事也有许多版本，有一些版本说卢尔德的父亲（也是编织机编织工人）叫卢尔德整理织针，卢尔德遂拿起一把铁锤，把它们锤成一堆。还有其他版本的故事，没人知道哪个版本为真，或者是否真有其事。

到底是否真有其事并不重要，重要的是，这个事件就像其他民间故事般被流传、改述，每当有纺织机被捣毁时，人们便打趣地说："这是内德·卢尔德干的。"他的行为启发了民间传说人物"卢尔德首领"（Captain Ludd），也有版本说是"卢尔德王"（King Ludd）或"卢尔德将军"（General Ludd），据说他就是"卢尔德分子"（The Luddites）运动的发起人暨领导人。

卢尔德分子运动远溯至1811年左右的英格兰诺丁汉郡（Nottingham），主要成员是编织袜子和蕾丝织品的工人，这些英格兰的纺织手艺工人抗争反对工业革命带来的变革，他们经常诉诸的手段是捣毁机械化纺织机，以抗议这类节省人力技术所造成的失业。简言之，机器抢走他们的工作，他们不喜欢这种发展趋势。

人们开始揣测，这是否为一种无法逆转的过程的开端，抑或情况将恢复正常。在当时，自动化不过是蒸汽引擎机器，根本称不上是广泛取代人力，但有人说，机器自动化的问题很可能在几年间扩大与恶化，最终将导致生产货物的公司濒危。企业家亨利·福特（Henry Ford）对此有深刻、精辟的理解，他支付员工两倍于市场水平的工资，好让他们买得起自家生产的车子。

这样做有道理，你需要人们有足够的钱可以购买你生产的产品，否则生产与消费的循环链将会中断。若自动化取代人力的速度，快于人们找到新工作的速度，那就会出问题。人们可能会愤怒，开始破坏机器，以确保自己不会失去工作。时至今日，我们仍然称这种人为“卢尔德分子”。

新古典学派经济学家驳斥这种论点，他们说这是谬论。经济学家亚历山大·塔巴洛克（Alexander Tabarrok）在2003年说了一句名言：

“若卢尔德谬论正确的话，我们所有人早就没工作了，因为生产力已经持续提高了两世纪。”

看看你的周遭，卢尔德论点的确似乎是谬论。检视历史纪录，应该会令人对未来的经济感到乐观：自动化和机器化持续发生，促成生产力提高，可以用更少的人力做更多的工作，工厂生产出更多产品，经济体系创造出更多财富，但对人力的总需求并未减少。伴随经济成长，我们的生活水平提高，我们对什么条件与境况才堪称安适生活的认知也随之改变。

100年前，就算是举世最富有的人，也不会梦想能够拥有一个可随心所欲和世界任何地方的人联结、通信的小型电子器材；反观今天，大多数人难以想象没有手机的生活会是什么模样。现今，拥有手机的非洲村落男孩，可以取得的信息量比20年前的美国总统能取得的信息量还要多——如果你知道有多少非洲村落男孩拥有手机，可能会感到非常惊讶。有人甚至说，现今最穷的人比以前最富有的国王还要富有，我倒是不这么认为，因为很多时候，获得这些科技产物比找到食物还要便宜，你应该明白我的意思。

过去两个世纪，我们一直依靠机器提高我们的生产力，但机器并未取代我们；相反地，我们创造出新职缺、新产业和新机会，机器使我们变得更有创造力，生产力更高。从农业迈向制造业，再迈向服务业的同时，我们也开始拓展我们在地球上的支配力。

既然自动化导致失业的论点是谬见，那就没什么好担心的了。2012年历经的吓人失业率，例如美国8.2%、西班牙24.1%、希腊21.7%、爱尔兰14.5%，只不过是众多经济景气循环中的一段历程罢了。那或者是不当政策所导致，或是糟糕的政治人物所导致，或是几年前就开始膨胀的次级房贷金融泡沫所导致的，又或是这所有的因素结合起来所导致的。如果如此，那么我们只须选出较佳的政治人物，要求实行更好的改革，降低金融业对经济的影响程度就行了。换言之，境况迟早会恢复正常，只要好好振作努力，一切都会迎刃而解。不过，虽然我也想乐观地这么相信，我真的想，但现实恐怕大不同于以往。

这些解答固然是很好的概念，也是创造更好社会的必要条件，但未必是充分条件。事实上，不论我们多么努力，不论新一代的政治人物多么优秀，不论企业多么有谋略，不论我们多么聪明、能干，我们可能仍然避免不了这个危机。虽然是否真的如此，我们不得而知，但这是一种可能性，是我们应该慎思与探讨的可能性。

美国作家柯特·冯内果（Kurt Vonnegut）曾在一所私立女子学校的毕业典礼上致词时这么说："情况将恶化到令人难以想象的地步，而且将永远无法再改善。"

我知道，这不是你想听到的消息，但过去几年攀升的失业率，有可能只是冰山一角，我们可能全都搭上了21世纪的经济泰坦尼克号。我也想相信这只是没根据、不当的悲观，人类信念高度受到情绪的影响，但事情的真相不会理会我们相信什么，真相就是真相。

那么，我们该如何面对这个难题呢？你会永远抱持乐观，相信每当出现新挑战时，市场力量总是会自行调节吗？或者，你是无可救药的悲观者，相信我们在劫难逃，没希望了？你站在哪一边？

我认为，站在哪一边、相信什么或直觉预感如何并不重要，我想要尽可能客观探索与分析。我相信有用的数据与解读数据的良好逻辑，我认为我们应该抛开自己的意识形态和个人预感，运用理智从有根据的角度去预测未来。为此，我们首先得探讨一些东西，它们不是什么困难的概念，只要做出适当的解释，就会变得简单、易懂。这些概念是非常实用、有帮助的工具，能够帮助我们更了解周遭世界。信不信由你，这些工具浅显易懂到甚至能轻松地向小学生传授，但我认识的许多大学生连最基本程度地应用这些工具都没能做到，这显然不是因为他们不够聪明、无法理解这些工具，而是因为从没有人教他们如何使用这些工具来思考未来。

我将竭尽全力解释这些概念，如果我成功做到的话，各位将能相当轻易地理解它们，进而使用这些概念，从全然不同的角度看待世界。各位将掌握面对这艰难课题的所有必要工具，可以自行决定你应该站在前述辩论的哪一边。然后，我们便可以开始思考未来，思考如何过上更好的生活。

接下来在各章里，我们会一一探讨这些概念。

第3章 指数成长

在我们的生活中，最重要但也最常被误解的概念之一，便是指数函数的性质。你大概听过这个名词，也许是报纸科技版的某则报道使用了这个名词，但完全没有对它做出任何解释，或是你向银行申请贷款时看到“复利”这个名词。它们的重要含义往往被略过，鲜少有人解释其真正内涵，但它们遍及生活、经济，以及我们未来必须做出的决策等每个层面中。在继续本书的分析与探讨之前，我们必须先了解指数函数的功效。

科罗拉多大学波德分校（University of Colorado Boulder）已故物理系荣誉教授艾伯特·巴特雷特（Albert Bartlett）在一场著名演讲中说，“人类最大的缺点是未能了解指数函数”①，这绝非轻率之言。巴特雷特自1969年起，针对算术、人口和能源等主题演讲超过1700次，意图提醒更多人有关未能了解这最重要概念可能导致的危险性。

我希望你在读完这章后能够清楚了解指数函数，不论你拥有哲学学位或经济学学位，不论你是大学辍学生、教育程度低的失业者，或是大学教授还是跨国企业执行长，都可能未充分了解指数成长的含义。但彻底了解指数成长的含义，是非常重要的事。

我曾对形形色色的听众做过许多演讲，我发现，就算在教育程度最高的人当中，也有人连很简单的指数成长例子都搞不懂。但是，若给予适当解释，人人都能理解。这使我燃起希望，因为促使所有人了解指数成长的含义，了解未来持续呈现指数成长将会产生什么后果，这件事非常重要。

我也唠叨够了，我们赶快开始吧！

---

① Albert Bartlett, Sustainability 101: Arithmetic, Population, and Energy, http://jclahr.com/bartlett/

指数函数被用以形容任何事物持续稳定成长的程度，例如你贷款购买一栋房屋，银行索取贷款利率7%，这意味着你每年得偿还银行的钱增长7%。头一年的还款金额只是稍微增加，债务总额成长为原始本金的107%，但第二年用此债务总额，而非原始本金来滚利息，亦即原始本金的107%再乘以7%，翌年又以此总额再乘以7%，以此类推。你能想象20年后变成多少吗？除非你在大学读过统计学，否则恐怕不大容易。我不想在此探讨指数函数的数学题，虽然这很有趣，我也建议有兴趣的读者可以自行去探索，但我在这里的目的是想以清楚、有效的方式帮助各位了解相关概念，所以，这里要提供一个随时可用的简单公式，各位只需要具备小学生的算数技巧就行了。

一个数值以固定速率成长，若你想知道此数值需要历经多久时间后才能增倍，你只需要把70除以成长率即可[①]，这就叫作“倍增时间”（doubling time）：

$$倍增时间 = \frac{70}{固定成长率}$$

回到前述的例子，年成长率为7%，听起来并不多，对吧？现在，把70除以7，得出10，亦即经过十年，欠银行的钱就会倍增。

这看起来相当简单，不是吗？当然，因为这的确是很简单的计算，10岁小孩也能轻松算出，但全球多数的政治人物、政策决策者、都市规划师和经济学家却不了解。其实，任何一位经济学家一定在大学时上过统计学，“70法则”（rule of 70）[②] 或是此法则的延伸版本也广为学者所知，所以他们知道这个概念。但是，计算容易执行，历时倍增的含义，就远远不是那么容易了解，所以经常被误解。

了解本金倍增的概念和计算方法后，我们现在来探讨这种历时倍增的效果。设若我们向银行贷款了10万美元，利率7%，如前所述，只需历经十年，我们的欠款就会变成20万美元，亦即本金的两倍。那么，二十年后呢？欠款将不是变成30万美元，而是40万美元，亦即20万美元的两倍。那么，三十年后呢？欠

---

① 背后原理相当简单：100ln（2）=69.3。若想知道增为三倍所需花费的时间（三倍时间），使用的公式为100ln（3）=109.8。若想知道成长为n倍所需花费的时间（n倍时间），使用的公式为100ln（n）。

② Rule of 70，Wikipedia，http：//en.wikipedia.org/wiki/Rule_ of_ 70.

款将变成80万美元！四十年后则变成160万美元！再过些年，你的欠款将增加到超过你一辈子所能赚到的钱。所幸，绝大多数的贷款都不会超过三十年期。然而，抵押贷款以外，其他可能成长超过三十年的事物呢？请将安全带系好，现在才正要进入飞速阶段呢。

爆炸性成长

指数成长绝对不是什么新概念，它远溯至数千年前。相传西洋棋的发明者（有人说他是古印度的一位数学家）①，向国王展示他发明的这种游戏，国王很高兴，便让发明者自己选择奖赏。这位聪明过人的发明者，遂请求国王赐予这项奖赏：在棋盘的第一个方格上放1颗麦子，第二天在棋盘的第二个方格上放2颗麦子，第三天在棋盘的第三个方格上放4颗麦子，以此类推，每天在棋盘的下一个方格上放两倍于前一个方格数量的麦子。

对指数函数的威力毫无概念的国王爽快应允，甚至觉得这位发明者请求这么微不足道的奖赏，似乎有点瞧不起国王。他下令司库每天点数麦子，交给这位发明者。起初几天，发明者只收到少量麦子，国王困惑不解。一周后，发明者开始把大袋麦子扛回家，再过几天……你知道结果了吧？第一天1颗，第二天2颗，第三天4颗，接着是8、16、32、64、128、256、512……才十天，就从1颗麦子增加到1024颗麦子，十次倍增就达到初始数量的一千倍。但好戏才刚要开始，再倍增十次，就来到了100万颗麦子；再倍增10次，来到了10亿颗麦子，然后是一兆……咱们就此打住，这数字的计算已经超出了我们脑力的极限。图3-1就显示了这种倍增过程。

想必这是相当大的数量，但到底有多大呢？我可以告诉你，这数量大到国王根本付不起。这些麦子堆积起来，将比举世最高的珠穆朗玛峰［海拔8848公尺（1公尺=1米）］还要高，大约是2010年全球大麦产量4亿6400万吨的一千倍，

① 根据一些记述，他是德拉维达（Dravida）语系族维拉拉（Vellalar）种姓阶级。德拉维达人泛指使用德拉维达语者，约有两亿两千万人口，大多居住于印度南部。维拉拉阶级（Vellalars，又名Velalars、Vellalas）是源于印度南部邻近斯里兰卡的坦米尔纳德邦（Tamil Nadu State）和卡拉拉邦（Kerala States）的坦米尔农业地主中的精英种姓阶级，他们是古坦米尔（Chera/Chola/Pandya/Sangam时代）阶级制度下的王公贵族，和姓氏为Sessa或Sissa的王朝关系密切。

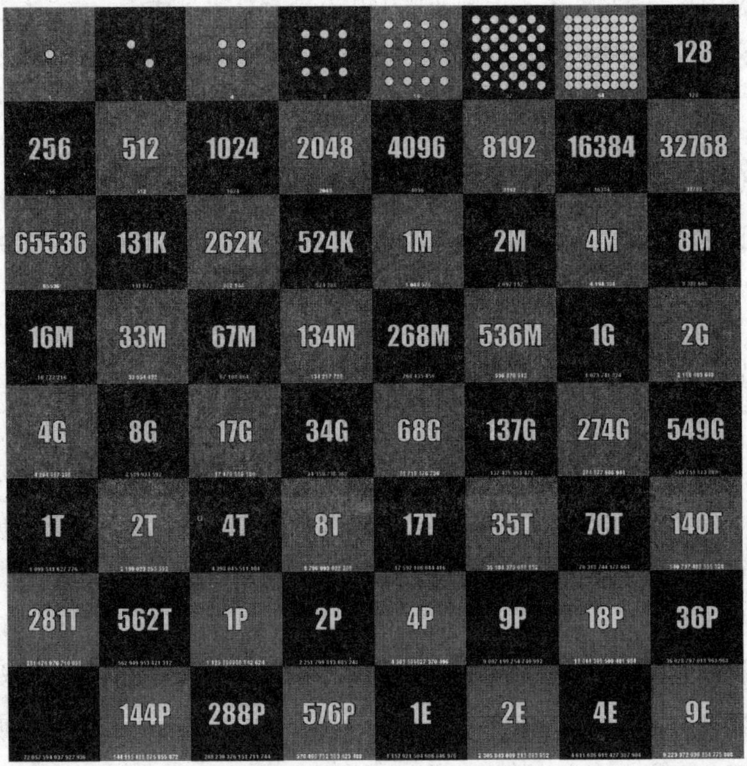

图 3－1　整个棋盘填满的麦子数量为：

$2^{64}-1$ = 18,446,744,073,709,551,615 颗，总重量为 461,168,602,000 吨。

注：从左上方开始向右，以倍增方式依序填入 1 颗、2 颗、4 颗、8 颗、16 颗……当数目变得太大时，我们使用二进制记数法：K 代表 Kilo（一千）；M 代表 Mega（百万）；G 代表 Giga（十亿）；T 代表 Tera（一兆）；P 代表 Peta（百万的四次方）；E 代表 Exa（百万的五次方）。

很可能比人类史上的大麦总产量还要多。

尽管这听起来引人入胜且令人难以置信，但别忘了，这不仅仅是一个我们爱讲述的有趣神话故事，也不仅仅是个令人好奇的知识，这个故事能帮助我们了解周遭世界，帮助我们预测应该如何打造未来。

过去三年，我做过不少演讲，常在演讲中和听众玩个小游戏，测试他们对指数成长的理解程度。多数人（即使是教育程度最高的人）都答不出来，所以你若答不出来的话，也不必心生沮丧。

想象一个空的玻璃水杯（玻璃杯由玻璃制造而成，充满空气，不可能是空的，但我们就别太过钻研字义了），放进一些细菌，提供它们食物，让它们繁殖。这个繁殖过程是细菌量每一分钟增倍，60 分钟后，这个玻璃杯就充满细菌，但因为已无空间可放入食物，细菌便死了。我的问题是：55 分钟后，这个玻璃杯中有多少比例被细菌占据？

你的答案是多少？请你找支笔，使用空白页面涂鸦计算，答案就在下面，但我强烈建议你先别看答案，试着自行解答，祝你乐在其中！

答案是：经过 55 分钟后，细菌只填满 3.125% 的玻璃杯。怎么会这样呢？计算方法其实很简单：若细菌以倍增速度繁殖，并且在 60 分钟时填满整个玻璃杯，那么在第 60 分钟前（或者说，在第 59 分钟后），细菌应该占据了一半的玻璃杯；同理，在第 59 分钟前（亦即在第 58 分钟后），细菌应该占据了一半玻璃杯的一半，也就是 25%。以此类推，表 3－1 列出在最后十分钟时细菌占据玻璃杯比例的情形。

现在，你会觉得很有道理，对吧？突然间变得很清楚，甚至很明显，谁会算不出来呢？太简单了，是吧？显然不是喔，因为我最常获得的答案介于 50% 和 90% 之间，就连大学毕业生也通常会答错，至于政治人物，咱们就别提了。

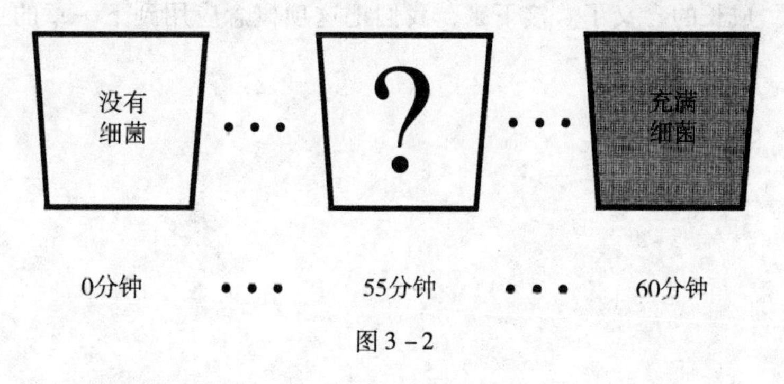

图 3－2

图 3－2 最左边，在 0 分钟时，玻璃杯里没有细菌。最右边，细菌以倍增速度繁殖，在 60 分钟后，经过一定次数的倍增繁殖后，整个玻璃杯中充满了细菌。问题是：经过 55 分钟后，这个玻璃杯中有多少比例被细菌占据？

找支笔算算看：

我希望你真的尝试自行解答，因为在互动中的学习，往往更有成效。若你未尝试自行解答，那就太遗憾了！

表 3－1 在最后 10 分钟，玻璃杯中细菌的指数成长情形

历时时间	玻璃杯被细菌占据的比例
60 分钟	100.000%
59 分钟	50.000%
58 分钟	25.000%
57 分钟	12.500%
56 分钟	6.250%
55 分钟	3.125%
54 分钟	1.563%
53 分钟	0.781%
52 分钟	0.391%
51 分钟	0.195%

本书附录 B 会讨论一些真实世界的例子，但现在，我相信各位应该都已经了解“稳定”成长的含义了。接下来，我们把这项概念应用到下一章的主题：信息科技。

第4章 信息科技

了解指数函数的概念后，就能以更智慧的角度来看待事物。你大概听过“摩尔定律”（Moore's Law）吧？这个定律说，一个集成电路上能放入的晶体管数目，大约每两年增加一倍；实际上，这就是说计算机的演算力，大约每24个月就会增强一倍。当全球最大的半导体芯片制造商英特尔公司（Intel Corporation）的共同创办人高登·摩尔（Gordon E. Moore），在1965年发表的一份研究报告中预测这种发展趋势时，人们高度怀疑。

摩尔指出，自集成电路于1958年发明后，到1965年间，集成电路上的组件数量年年倍增，他预测这种趋势将继续至少十年。许多人不相信，他们说这是不正确的预测，基于种种技术上的问题，我们不能期望集成电路上的组件数量会进一步成长。但这些怀疑错了，计算机演算力继续稳定成长超过五十年，而且没有任何停止成长的迹象。不过，摩尔定律并非故事的全部，科技的指数成长持续了远远更长的时间，集成电路只是整个科技进步变化中的一小部分而已。

知名发明家暨未来学者雷蒙·柯兹魏尔（Raymond Kurzweil），在其网站上撰文探讨所谓的“加速回报定律”（Law of Accelerating Returns）。他指出，集成电路的摩尔定律，并非第一个出现的性能价格（price－performace）加速成长模式，而是第五个典范。演算装置的演算力（每单位时间）持续倍数成长的现象存在已久，从1890年美国人口普查使用的机械式计算装置，到数学家艾伦·杜林（Alan Turing）用以破解德国纳粹恩尼格玛（Enigma）密码系统的中继式“炸弹机”（Bombe），到美国哥伦比亚广播公司（Columbia Broadcasting System，CBS）用以预测艾森豪威尔（Dwight Eisenhower）当选总统的真空管计算机，到最早的太空发射系统使用的晶体管机器，再到柯兹魏尔在2001年撰写此文探讨此现象时使用的集成电路式个人计算机。

欲了解指数成长的含义，可以参考图 4－1 中呈现的线性成长趋势和指数成长趋势的比较。从图 4－1 可以看出，指数趋势的成长其实是在“曲线弯点”后才开始大幅起飞，在此之前的发展相当和缓，就像西洋棋盘和国王的故事情节，在起初几天，并没有特别值得注意的事情发生。但在曲线开始转弯后，情况急剧变化而失控。

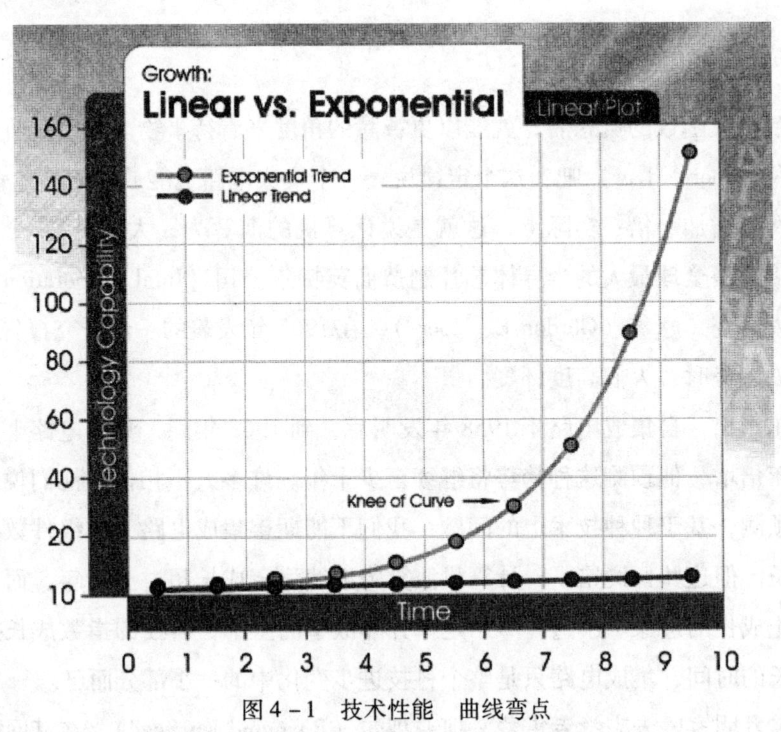

图 4－1　技术性能　曲线弯点

资料来源：柯兹魏尔，《加速回报定律》，2001 年 3 月 7 日

不过，若把相同数据绘制成对数刻度图，原本快速陡升的指数趋势线条就显得徐缓多了。图 4－1 的纵轴代表数量（演算力），使用 20、40、60 的升量指针，在图 4－2 中改成了 10、100、1000 的升量指标，所以原本在 4.1 线性刻度图中一飞冲天的曲线，在 4.2 对数刻度图中看起来就像直线。各位或许可以了解我们在谈到指数成长时为何会使用对数刻度图，因为若不使用对数刻度图，就没有足够空间呈现曲线全貌。

更重要的是，柯兹魏尔在 2001 年绘制自 1900 年以来举世速度最快的计算器性能图时，他注意到了令人相当惊奇的一点。记得对数刻度图上的直线代表指数成长吗？若你认为指数成长已经够快速了，那你还没见识到真正的快速呢，请看图4－2。

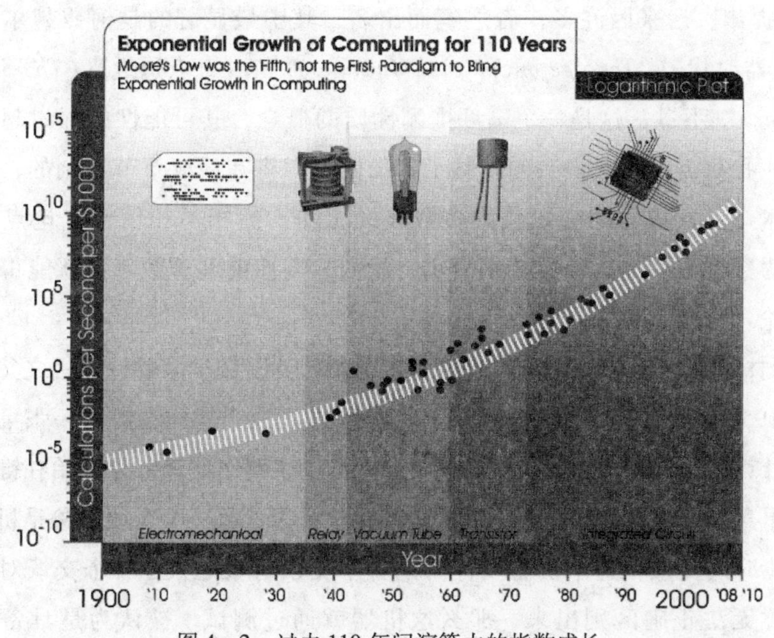

图4－2　过去110年间演算力的指数成长

资料来源：柯兹魏尔，《加速回报定律》，2001年3月7日

图4－2是对数图，纵轴上的数量指标升量是10^5，亦即每个刻度上升为十万倍！但曲线并不是直线，而是一条升趋曲线，这意味着在对数图上呈现了另一条指数曲线，换言之，就是在指数成长率中的指数成长。以我们刚在前文中了解的指数成长含义来看，各位应该可以想象指数成长中的指数成长有多么惊人。1910—1950年间，电子计算器的每单位成本演算速度每三年倍增，1950—1965年间每两年倍增，现在则是每年倍增。计算机演算力不只是成长而已，它一年比一年成长得更快。

根据所得的证据，我们可以推论，在可预见的未来，这种趋势将会持续，或者至少将再持续三十年。最终，它将会触及自然法则下的物理极限，成长速度将会减缓下来。但也有人认为，一旦到达奇点（singularity），也许就能躲过这个问题。

“技术奇点”（technological singularity）是指当技术的发展速度快到令我们

无法预测将发生什么时，计算机智能将超越人类智能，我们甚至将无法了解正在发生什么变化。这个名词最早由数学家暨科幻小说家佛诺·文奇（Vernor Vinge）提出，后来因许多作者之笔而出名，其中最显著的是柯兹魏尔的著作《心灵机器时代》（*The Age of Spiritual Machines*）和《奇点迫近》（*The Singularity Is Near*）。不过，这是一个高度推测性质的概念，其可能性的探讨超出了本书主旨，我只需要在此说一句就够了：如同我们将在后续章节看到的，未必得达到技术奇点，机器才会取代大多数人的工作。你相不相信奇点论点并不要紧，因为数据很明显，事实就是事实，我们只需往前展望数年，就能得出够警醒的结论。

“杜林测试”（Turing Test）是由非常聪颖的英国数学家暨计算机之父艾伦·杜林在1950年提出的一种思想实验。想象你进入一个房间，房内一张桌子上摆了一部计算机。你注意到，有个聊天窗口上启动了两组交谈，你开始在键盘上输入交谈讯息时，被告知你的其中一个交谈对象是人，另一个交谈对象是机器。随你花多少时间交谈，这个实验要你区别哪个交谈对象是人，哪个交谈对象是机器。若你无法正确区别出来，那么这机器就通过测试，被认为是具备智能的机器。

这个实验有许多版本，你可以和更多对象交谈，这些交谈对象可以全部都是机器，或者全部都是人类。你可能会误以为他们全都是人或机器，或误以为其中有部分是人、部分是机器。不论使用什么版本的实验，其核心原理同样清楚：你通过使用自然语言进行交谈，判断你的交谈对象到底是人或计算机。通过杜林测试的机器，被视为具备人类水平的智能，或至少具备认知智能（就此论点的旨意而言，我们是否认为其具备真正智能并不要紧），有人称此为“强人工智能”（Strong Artificial Intelligence）。

许多人认为强人工智能是不可能做到的幻想，因为人脑很神秘，远远超过脑部个别部分的总和。他们说，人脑的运作使用了未知，而且我们可能无法理解的量子力学流程，意图使用机器来达到或超越它的水平根本是痴人说梦。但也有人认为，人脑只不过是一部生物机器，和其他机器的差别不大，我们迟早可以用我们设计打造的产物超越它。这当然是个引人入胜的主题，需要非常详尽的检视与分析，我将来也许会写另一本书来探讨这个主题，但现下我们先继续聚焦于我们确知的事物和未来。在后续章节中，各位将看到，机器并不需要达到强人工智能水平，才能永久、彻底地改变经济和就业，以及我们的生活情况。

下一章，我们先来探讨何谓“智能”，包括智能的用处、机器是否已经具备智能，甚至是否可能比我们的智能水平还要高等。

第5章 智能

关于“智能”这个字词的含义，充斥着许多困惑，主要是因为没有人确切知道它的含义。有人试图对它下定义，但在面对逻辑且有论据的疑问时，这些定义仍然招架不住。《牛津英语词典》（*The Oxford English Dictionary*）的定义如下：

智能（intelligence）：取得及应用知识和技巧的能力。

在这个广义的定义下，我们大可把动物，尤其是类人猿，包含于“智能型”生物类，也可把计算机程序包含在内。想想谷歌（Google），它浏览网页取得知识，并且应用技巧，并根据取得的知识，产生搜寻结果。另外，从这个字词的字源，亦可看出其涵义，这个字词源自拉丁文 intellegentia，意思是“做出选择的行为”。因此，我们可以据此对这个字词做出补充定义：取得知识，应用技巧及做出明智选择的能力。

多数人在运用常识时，不会视机器具有智能。机器固然能够根据决定性算法或概率事件来做出选择，但它们不了解任何东西；机器不了解它们所做之事，也不了解它们为何做这些事。在面对机器时，使用“了解”这个字眼，听起来很荒谬。这个字眼根本不适用于它们，不论它们做什么，那都是它们的事，我们人类和它们不同。

这是大众及学术圈最普遍抱持的观点，有一个名为“中文房间”（The Chinese Room）① 的著名实验例示了这个概念，但我认为它很无聊，我想提出另一个稍微不同的例子，那是我亲身经历的故事。

---

① “中文房间”论证是由哲学家约翰·希尔勒（John Searle）提出的一个思想实验：假设有一种程序，能让计算机以书写中文方式进行有思考力的交谈，若把这套程序提供给只会英语的人用手执行这套程序的规则指示，那么理论上，此人应该也能够以书写中文进行交谈，但他并不了解交谈内容。征诸同理，瑟尔的结论是，执行这套程序的计算机也不了解交谈内容。

几年前的某天，在我就读的大学，我在走廊上遇到一位朋友。他看起来兴高采烈，我问他啥事这么开心，他没回答，只是狂笑，这令我更好奇了。当他止住狂笑，稍事喘息后，他说，上次的考试成绩出来了。考试是在几天前举行的，这家伙完全忘了要考试，所以在没有准备的情况下参加考试，而且他上课时总是在睡觉，不可能使用常识来做出正确解答。

“结果怎样?”我问。“我真的不知道那些问题在问什么，但我注意到那是个复选题测验，所以我从头到尾都填了 AC 或 DC 的答案。”

我不禁对他做了个抚眉深思、真是拿他没办法的动作①，但他再度狂笑，说道：“老兄，我考了 87 分，全班第二名!”

这个故事让我们学到什么呢？撇开令人半信半疑的上帝之手介入假说不谈，我的这位朋友显然并不了解那次考试中的任何内容，但在教授眼中，他很聪明，是全班第二聪明的家伙，至少就该科目而言是如此。然而，回答出正确答案者，并不代表他们真的了解问题，也许是他们够幸运，或是他们懂得运用一套规则来获得结果，但只要你把题目内容稍微改变，他们就会惨败。

有人称此为“语义学”（semantics），这个字词源于古希腊文 sēmantiká，中性复数为 sēmantikós，主要研究词语的含义。但究竟是什么赋予含义呢？我们能客观地衡量含义吗？我不认为我们能够做到这点。事物、情况和词语全都是无生命的东西，它们本身没有目的、没有本质意义，是我们赋予它们含义。若你不相信我这个论点，不妨试试看下列这个实验：从你的皮夹里取出一张大额钞票，它其实只是一张纸，一层薄薄的纤维膜，上面有一些油墨印刷，本身并没有价值、含义或目的。接着，你把它丢到路上，我可以向你保证，它不会躺在那里太久，那是因为我们赋予这张纸含义，我们经过集体约定后赋予它特定价值。然而，这张纸根本不会在意它是继续躺在那里，抑或被捡起来。

现在，请把这个论点套用在计算机上。计算机可以展现出智能行为，它们能产生正确结果，而且有时它们在这方面的表现远优于许多人。它们甚至具备高水平的技能，例如会使用语言、会说双关语，也会创作乐曲等（参见后文）。但我

① 这动作是举起一个手掌盖住脸，或是把脸埋入一或两个手掌里。在许多文化中，这种动作用以表示沮丧、失望、困窘、震惊或惊讶。

们如何知道它们是否言出有意，真的了解它们做出的言词的含义？我认为我们并不知道。有可能是我们无法得知，因为这项疑问根本不适用于它们。

智能也许不是一种和其存在环境完全无关的绝对所有物，其他人、事、物是否具有智能，全在于我们的观点。如同麻省理工学院教授、人工智能专家罗德尼·布鲁克斯（Rodney Brooks）所言："有没有智能，全凭观察者的认知而定。"

无论如何，这绝对是引人探讨的一个主题，已有一些关于此主题的优异书籍问世[①]。但在探讨机器的"智能"将如何深远地改变我们的文化，以及将如何显著地改变我们的经济和生活方式时，这并不重要。从纯粹实务角度而言，如果我们的目的只是要完成一项工作，那么执行此工作者是否真的具有"智能"，或是否真的了解发生什么事和为什么，根本不要紧，我们只关心结果和成功率。

我知道，我们并没有为"智能"下定义，以及证明机器是否真的具有智能的难题。但我们已经把焦点转移到一个务实的态度上，让我们衡量实用性，而非含义。下一章，我们将探讨人工智能的领域，或者说，机器有智能地执行工作的能力。

---

① Jeff Hawkins and Sandra Blakeslee, On Intelligence: How a New Understanding of the Brain Will Lead to the Creation of Truly Intelligent Machines (2004); Marvin Minsky, The Emotion Machine: Commonsense Thinking, Artificial Intelligence, and the Future of the Human Mind (2006).

第6章 人工智能

我必须坦承，在选择这本书的书名《机器人即将抢走你的工作》时，我没有完全诚实。机器人最终将抢走你的工作饭碗，但在此之前，会先发生其他事。事实上，这些事情已经发生了，其席卷程度远超过任何实体机器所能做到的程度。你应该猜想得到，我说的这些东西就是广泛的计算机程序，如自动化规划与排程、机器学习、自然语言处理、机器感知、计算机视觉、语言辨识、情感运算、运算创意等，这些全都是不必应付机器人所必须面对的棘手人工智能技术领域。改进一套算法，比打造一部更好的机器人要容易得多，所以这本书更合适的书名应该是《机器智能与计算机算法已经在抢走你的工作，在未来还会抢得更凶》，但这个书名不大吸引人。

因为在好莱坞电影中，大众对智能机器的认知是：能够执行我们的日常工作的拟人机器人。其实，多数的智能型媒介并不需要具备实体，它们大多以算法的形式运作，最擅长数据分析与汇整。令人比较意外的是，把女佣的工作自动化，远比用机器取代医院放射师还要困难。医院放射师的工作是分析各种医疗扫描技术器材产生的影像，薪资待遇不错，工作时间固定，周末不需要工作，没有紧急性，因此是颇受新出炉医师青睐的一个领域。

但比较不利的层面是，它的工作内容具有高度重复性。高中毕业后，必须历经至少十三年的学习和训练，才能成为一名合格的医院放射师，但是这份工作很容易被自动化。[①] 想想看，这份工作的主要内容是分析、评估影像，数值通常直

① 马丁·福特在其著作《隧道之光》中写道：“实际上，有另一项因素或许能延缓医院放射师工作的完全自动化，这项因素是执业过失的责任。在解读医疗扫描影像时若出了疏失，可能对病患造成可怕伤害，完全自动化系统的制造商将承担这种疏失的巨大责任。这种潜在的执业过失责任当然也落在医院放射师的肩上，但它分散在成千上万的医院放射师身上。不过，相关立法或法院判决有可能在未来移除此项障碍，促进完全自动化的发展。

接来自计算机化的扫描仪材，因此定义明确。这是一种封闭型系统，有确知且大多已经明确定义的变量，工作流程具有高度重复性。这等同于一个数据库（至少十三年的学习与训练），连接至一个视觉辨识系统（医院放射师的大脑）——这是如今已存在且应用于许多地方的一种流程。

现在的视觉形态辨识软件已经非常先进，谷歌的图片搜寻服务就是一个例子。你可以上传一张图片到该搜寻引擎（参见图6-1及图6-2），谷歌使用计算机视觉仿真技术，把你的图片拿来和谷歌图片索引及其他图片集中的图片比对，试图从这些比对中产生对你的图片内容描述的“最佳推测”，并找出和你上传的图片有相同内容的其他图片（参见图6-3）。

图6-1　谷歌图片搜寻首页

在搜寻字段的最右边有一个相机图标，点选该图标后，就能上传你的图片，进行以图搜寻。

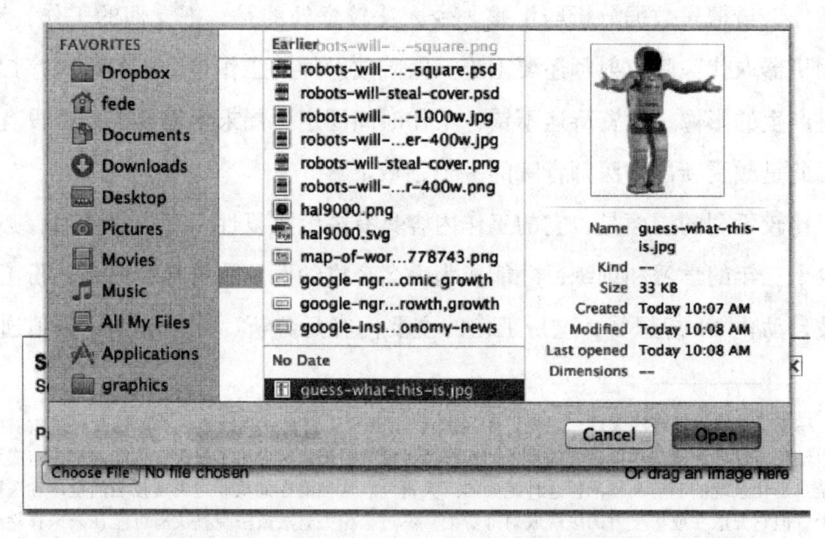

图6-2　我上传了一张图片，文件名为“猜猜看这是什么.jpg”。

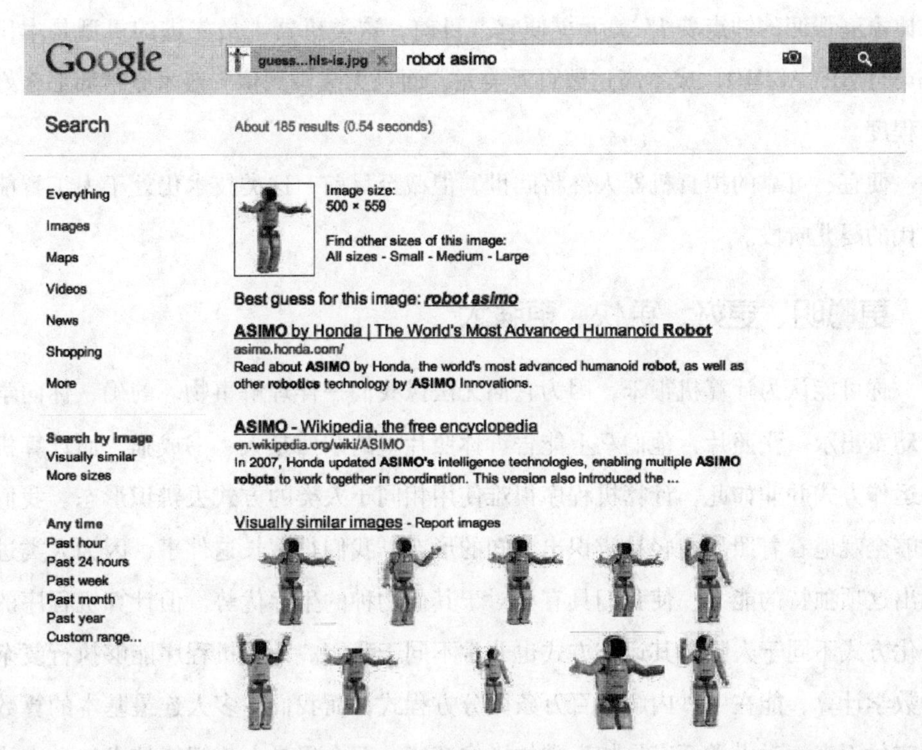

图6-3　谷歌图片搜寻软件正确辨识出我上传的图片是本田公司（Honda）打造的机器人ASIMO，并在搜寻结果的页面上提供相似图片，显示ASIMO机器人的不同姿势与角度，但图片尺寸不同。这套算法辨识数以百万计的不同图样，因为它是通用型的应用程序。若是特定功能的图样辨识软件，研发没那么复杂，但必须更为准确，因为牵涉的利害关系较大。

如今，许多政府已经有软件能视觉分析安检照片，以帮助在机场辨识恐怖分子。伦敦及其他许多城市的闭路电视摄影机，具备追踪人们脸孔的先进系统，帮助警察辨识潜在罪犯。

放射线成像解读的工作，如今已经可以离岸外包到工资成本为美国10倍低的印度及其他国家，你认为距离把工作委托给完全不收取酬劳、只需获取一些电力的“工作者”的境界，还需要经过多久时间呢？

相比之下，不需要什么教育程度，也不需要特定技能的家庭帮佣工作，对机器人而言反而是高度复杂的工作。机器人将需要在3D环境中具有娴熟的运动技能和协调性，它必须辨识数千种不同的物体，能够在房屋里移动自如，能够上下楼梯，极小心、谨慎地施力，每秒钟做出数百万个决策，而且还非常省电，同时得比家庭帮佣的钟点费15美元更便宜。目前，这类机器人最先进的机型是本田公司打造的ASIMO，成本高达数百万美元，而且无法做到像一般家庭帮佣那么好的程度。

便宜、可靠的拟真机器人终将问世，但截至目前，这类技术仍处于人工智能时代的婴儿阶段。

更聪明、更好、更快、更强大

你可能认为计算机很笨，因为它们无法像我们一样理解事物。的确，你向学步幼童出示一张照片，他们马上能告诉你照片里的东西是人、书或猫，而计算机的运作方式并非如此，计算机程序很难使用相同于人类的方式去辨识形态。我们能够全观地看着照片，轻易辨识出已知的形态，我们很擅长这件事，因为人类进化出这项独特的能力，使我们具有相对于其他物种的生存优势。但计算机程序的进化方式不同于人脑，其运作方式也非常不同于我们。计算机程序能够执行复杂的数学计算，能在一秒内解数百万条微分方程式，而我们许多人连最基本的算数都应付不来。对人类而言易如反掌的影像解读，至今仍是人工智能技术的一大挑战。计算机分析数据，我们解读个中含义，这种模式存在了许久，但现在仍是如此吗?

人工智能领域近年的发展之一——机器学习应用程序，已经改变了这种情形。过去二十年，我们已经设计和改良了能像人类一样从经验中学习的种种计算机数学演算技术，其背后原理很简单：在不需要刻意编程的情况下，训练计算机程序自行学习。怎么做到这点呢？有很多种方法：监督式学习与非监督式学习、增强式学习、转导式学习，它们有多种变化与结合。每一种方法应用特定的算法，你可能已经知道其中一些算法，例如神经网络（neural network)，但其中多数算法可能听起来令你觉得生疏、艰涩，例如支持向量机（support vector machine)、线性回归（linear regression)、单纯贝氏分类法（naive bayes classifier）等。

不过，你不需要知道这些方法的细节，你只要知道一个主要概念就好：就像我们透过经验学习，这些程序也是一样，它们已经进化了，可能已经不再像从前那样，和我们有那么大的差异了。

算法改变世界

学习算法的准确度与性能天天都在进步，五六年前，它们很松散，得出的结果很差；如今，情况快速改变。从前，不论你身在何处，每个人使用谷歌搜寻获得的结果都相同；如今，可能每个人获得的谷歌搜寻结果都不会一模一样，你获得的是个人化的搜寻结果，系统进行搜寻后呈现给你最感兴趣的网页，这是根据多项标准演算出来的结果。

比方说，你现在想搜寻披萨店。谷歌搜寻引擎的算法检视你的 IP 地址，使用全球定位系统（GPS）技术定义你的地理位置，呈现你所在地的最优先搜寻结果。如果你有谷歌账号，他们会检视你先前所有的搜寻历史，你曾经点选过的连接，在何时点选，点选了多少次，你造访最多或最少次的网域等，他们还会知道你是男性或女性、年轻或年老，并且根据这些信息将搜寻缩窄至更个人化的结果。

如果你有 Gmail 账号，他们会知道关于你的习惯，你造访过的地方，你希望造访的地方，你经常交谈的对象等，然后交叉参照搜寻，善加利用这些数据。当然，这里所谓的“他们”，并不是指任何人，没有人会去看你的个人档案、你的数据、你的搜寻历史或你的习惯，因为这将违反隐私法。我所谓的“他们”，指的是“计算机程序”。前述情节每天发生几十亿次，每次只需使用毫秒或更少的时间。但没有人会去做这些事，因为涉嫌违反隐私法，事实上，也不可能以人为监督方式做到这些事。但这些程序天天都在学习有关我们的新事物。

另一个重要的差异是，计算机能够学习得更快，学习量也几乎没有上限——因为计算机运算力和内存容量分别都呈现指数成长。教一个小孩学习语言、读写文字、辨识东西，必须花上数年的时间。学习高阶技能需要花费的时间则更长，想成为一名合格医师，必须花费二十几年的时间学习并累积经验。若某天这位医师死了，或是决定不再工作，或者要长久休假或退休了，必须再花上另外二十年来培养取代他的人。医学专业也许明显进步，但要达到现有水平所需经历的时间，并无多大变化。反观计算机就没有这些限制，一开始也许会花很多时间，但一旦获得进展，就会在整个网络中散播。另一部计算机不需要从头学习一切，只需连接到现有网络，载取其他计算机取得的信息即可。

当然，使用什么算法非常重要，如果算法很差，就不会得出好结果。但是，在过去十年，真正做出重要贡献的，是可供我们使用的庞大数据量。我们被种种数据淹没，数据量多到我们没有足够的脑力去分析、理解全部资料。过去几年，来自各种源头的公开数据涌现，包含政府单位、非政府组织、公立图书馆，以及实时搜集民众资料的私人部门网站。我们只是平凡地过着生活，就创造出这个巨量的集体知识数据库。我们发布的每一条推文，进行的每一个搜寻，上传的相片，在社交网站上加过的朋友，造访过的每个地方、拨打的每通电话等，全都在喂养这部经由全球各地数十亿台透过因特网彼此连接的计算机所形成的巨大、分布式超级计算机。

你可能想知道，人工智能系统已经发展到什么程度了？是否已经达到人类水平的智能？若还未达到，有朝一日会达到吗？现在，已经有哪些人工智能技术了？

就目前而言，你可以放心，人工智能系统离人类水平的通用型智能（general purpose intelligence）境界还远得很。不过，它们进化快速，有人预测到了2030年，它们将达到此水平，甚至超越人类的智能。也有人不认同这种预测，谁对谁错，只有时间能告诉我们。

此时，我们能确知的是，在特定功能型智能（task-specific intelligence）方面，已经有超越人类水平的人工智能系统了。下一章，我们要探讨的主题便是自动化的发展现况。

第7章　自动化的发展现况

我们已经了解指数成长的含义，也看到过去一百五十年间的信息科技发展与成长情形，现在让我们来看看这些成长已经把我们带到什么样的境界。

我在2011年10月决定撰写这本书后，就开始为本章主题搜集证据，迄今已搜集了300多篇文章，全部来自有声誉的可靠来源。这些文章描述行为像我们的机器、思考力优于我们的计算机，以及执行极其复杂工作的机器人。我用新闻订阅天天搜集大量消息，寻找新的东西，把它们加入我的清单。但是到了某个时间点，我认识到我必须停止，因为这种趋势永无止境，我没有预期到它会成长得这么快，我再次低估了指数函数的威力。

随着这张清单快速膨胀，我决定先停止，完成此书并出版，否则会没完没了，永远无法完成。为了提供读者最新发展，我会继续在robotswillstealyour-job.com网站上张贴新信息。在这本书里，我不打算提供冗长乏味的技术清单，我只讨论我认为和本书主题最相关、最切题的几项自动化技术。

自动化购物

或许你不这么认为，但自动贩卖机其实是机器人的原型。它们的功能很简单，主要是储存货品，有一个电子屏幕，收钱，然后供应你购买的货品。这是三十年前问世的技术，自那时起，至今并无多大进展。是吗？在欧洲及美国，我们对自动贩卖机没有思考太多，这是因为我们并未认真看待它们。但在日本，人口密集度高，空间有限，人力成本高，任意破坏公私物的行为或偷东西之类的微犯罪率低，民众大多骑脚踏车或步行去购物，他们很认真看待自动贩卖机。

日本目前约有860万台自动贩卖机，平均每14人就有一台，人均数举世最高。自动贩卖机的日语简称是“自贩机”，广布于日本各地且贩卖各种商品，不只是报纸、零食、饮料，也贩卖书籍、DVD、保险套、冰淇淋、热食泡面、米饭、杂志、眼镜、水煮蛋、雨伞、领带、拖鞋、蔬菜、iPod、活龙虾、温泉水，甚至佛珠。看到这些商品，我们可能会觉得有点好笑，但各位不觉得这其实蛮有道理的吗？街角有小卖店，店老板总是面带微笑，对自家贩卖的商品了如指掌，能够为顾客提供快速指引和协助的那个时代，正在快速消失。

今天，多数实体商品的交易，发生在购物商场和大型连锁超市。这些公司的收银员是兼差性质，他们兼了好几份差事，因为一份工作无法获得足够收入，供他们缴房租、支付医疗费用、学费、抵押贷款等开支。事实上，把购物商场里的多数事务自动化，对社会而言是很合乎道理的，但问题是，这么一来，现今在购物商场里工作的人，将因此深陷财务困境。

想象一下，你走进一家商店，你的手机里有交互式导览图，显示什么商品陈列在什么位置。你可以搜寻商品，以类别过滤它们，取得一项商品的所有信息（不只是营养成分而已），你还可以追踪查询该项商品的制造流程，以及参与制造流程的公司，并且根据你的搜寻标准来比较各种商品。你也可以阅读其他人对这些商品的评价，就像人们在亚马逊网站（Amazon. com）对商品做出的评价那样。在你选购完毕后，你在结账区稍停，让机器读取商品上的无线射频识别（RFID）芯片发射出的信息讯号，然后你让机器扫过你的信用卡，或是在手机上接受付款。从你完成购物、决定离开商店，到你实际走出商店，整个结账流程花不到十秒，不使用任何人力，不必排队，不必等候。

你觉得这听起来像未来世界吗？促使这种情境发生所需要的种种技术已经存在，而且存在了许多年。那么，为何这种情境还未发生呢？为何我们还未见到这种趋势扩展至所有零售店呢？是因为使用这种系统所费不赀吗？其实，使用这种系统比雇用人力做这些工作远远更为便宜。有人说：“因为我们需要人际接触！有些附加价值是只有人类员工才能提供的，不是吗？”嗯……各位可曾在购物商场工作过？那工作令你很有干劲吗？你做了多久？也有人说：“因为需要人类工作者把商品放到货架上！”喔，就连这项工作的自动化技术，都已经存在了呢，只是问世得比较晚些。有些仓库的作业已经完全自动化了，只需要操作员处理整个工作流程，货板及货品在自动化输送带、起重机、自动化存取系统上移动，这些系统由可编程逻辑控制器和使用物流自动化软件的计算机来统筹与协调。它们的准确性与生产力远高于人力，这些机器更快速、更准确，能够举起巨重，不会产生背部伤害的问题，而且它们能够日夜工作，并不需要太多维修。

亚马逊网络公司在2012年以7亿7500万美元收购奇华系统（Kiva Systems），后者专门打造在仓储中心执行订单拣货作业的橘色机器人。有线电视新闻网（CNN）制作了一个影片介绍这些机器人的作业情形，令人啧啧称奇。在庞大的仓库中，数以百计的橘色机器人以精准的时间和准确度穿梭运送商品，仿佛随着以1和0编写的静默音乐起舞。这些机器人聪明到能够根据商品的需求频率、重量，以及其他许多标准来做出考虑，把商品摆放在最便利的位置与距离，而且它们每周工作7天，天天工作24小时，从不出错。想把相似的自动化系统应用到超市和购物商场，在工程技术上可谓不成问题，几个月内就能轻松解决。既然可以做到，为何我们还未目睹这种情境发生?

特易购（Tesco）是全球营收额第三高的大型零售商，仅次于沃尔玛（Walmart）和家乐福（Carrefour）。若以获利来看，它是全球第二大，仅次于沃尔玛。特易购在韩国的市占率很高，它在韩国使用的品牌名称是Home Plus，仅次于E-Mart，主要是因为E-Mart的商店数量比较多。特易购想要提高它在韩国的获利，传统上，为了达到此目的而实行的方法是设立更多商店，在韩国市场达到与E-Mart旗鼓相当的普及率，但该公司选择诉诸不同策略：使用更多的自动化系统，雇用较少员工。

想象你是韩国的上班族，为了烹煮当天的晚餐，你需要一些杂货，但你没有时间去买。在等候下一班地铁时，你看到地铁站的墙上用屏幕展示了很多商品，一如超市的货架。你用手机扫描自己想购买的商品上的QR code，然后结账，等到你回到家中时，你买的杂货已经送到你家门口。这多么便利，不是吗?这种实验的成果已经出现：在2010年11月到2011年1月间，在线业绩增加了130%，注册会员数增加了76%，Home Plus变成韩国第一大在线超市，并且成功提高其非在线市场的市占率。

这种持续趋势有可能导致经济不稳定。想想将受此趋势冲击的无数工作者，如果沃尔玛系统化地实行这种技术，把补货、购物、递送等流程全都自动化，对目前的受雇人员将带来极大冲击，他们当中的多数人将不可能找到另一份工作。一般人并不了解沃尔玛的规模有多大，它是现今全球最大的零售商，但它的

“大”远非仅止于此。这个商业龙头的财力、足迹及员工人数，令许多产业与国家相形之下犹如小巫见大巫。该公司年营收10亿美元，使全球170多个国家的GDP额相形失色；它的员工总数高达210万人，能形成全球第二大的常备军。沃尔玛2010年的营收额，比美国最大的石油公司、制造公司和制药公司还要高，就算把雪佛龙（Chevron）、奇异集团（General Electric）和辉瑞大药厂（Pfizer）这三家公司的营收额加起来，仍然低于沃尔玛的营收额。换个角度来看，若沃尔玛是一个国家，它的GDP将排名全球第二十五大经济体，其GDP是爱尔兰的两倍。若是沃尔玛推行积极的自动化策略，不出几年，就能在雇用不到10名员工的情况下轻松营业。但这么一来，就会有200万人失业，这些人大多是教育程度不高、技能水平不足的工作者，他们的收入要从何而来？如何温饱？他们的家人该怎么办？

过去，我们看到自动化取代人力，技能水平低的工作者涌向沃尔玛之类的地方找一份容易（但很不满意）的工作。这是所谓的现代文化中许多未被说出口的悲剧之一，一个人能够怀抱的最大渴望是找到一份呆板、单调的工作以求温饱，这样的想法对任何个人的尊严都是一种侮辱。从出生的那一刻起，每个人都是无价的杰作，有潜力成就超越我们现今所能想象的境界。认为我们应该维持着一个阻碍创新与自动化的经济制度，以保存那些单调、重复、不需要动脑筋的工作饭碗，这种观念非常没有远见，深深地依恋着我们已经过时的机制。

如果沃尔玛开始推行自动化（我相信他们将会这么做），购物产业将永久、彻底地改变。这将是无可逆转的过程，被机器取代的工作饭碗将不会回复。但是这些工作消失后，数百万的人们何去何从？

在讨论可能的答案之前，让我们先继续对其他自动化的发展现况拥有多一点了解。

自动化生产

制造业自动化的降临，广为世人熟知。自我们开始使用机器来提高生产力，已有一个世纪的历史。以汽车工厂为例，福特汽车公司（Ford Motor Company）在1908—1915年间发展的组装线，大幅推广了自动化组装线的生产模式，大量生产促成了空前的社会转变。这种制造模式犹如赋予古拉丁谚语“分而治之”

(divide et impera)新意：我们可以把长而困难的工作，区分成许多小而简单、容易执行的呆板作业。这种制造方法和机器在一起运作得很好，于是高生产力的人机合作模式持续了一整个世纪。

机器人取代人类工作者，但我们总会找到别的工作，主要原因有二：

●没有足够时间调整、学习新技能；

●有些作业太复杂，机器做不来，或是打造能够执行这类工作的机器必须花费较高成本。既然有便宜的人力能够轻易地用更低的成本来完成这些工作，何必辛苦去打造什么复杂的机器人？

但这是从前的情况，现在不一样了，人力不再便宜，人类的发展已经来到大规模发生的时代。人们合理地要求自身权益，尽管以今天的标准来看，现在仍有无数人的工作条件可能被视为形同奴隶，但就整体而言，世界各地的工作条件与水平持续提升，就连在低度开发的国家亦然。另一方面，演算技术持续指数成长，机器人技术快速发展，如今机器的打造（即使是执行复杂工作的机器）变得愈来愈便宜，我们已经目睹这种效应发生在世界各地。

富士康（Foxconn）/台湾鸿海科技集团，是全球最大的电子组件制造商，也是大中华地区的最大出口商，42 年营收额超过 1000 亿美元。该公司制造的品项种类多不胜数，若你拥有 iPad、iPhone、Kindle、PlayStation 3 或 Xbox 360，这些极可能是富士康制造的。若不把国营事业及国家的公共服务部门不计算在内，富士康是全球第三大雇主，员工数 120 万人，仅次于沃尔玛（210 万人）。该公司的承包合作对象包括宏碁、亚马逊、苹果、思科系统（Cisco Systems）、戴尔（Dell）、惠普科技（Hewlett-Packard）、英特尔、微软、摩托罗拉（Motorola）、任天堂（Nintendo）、诺基亚（Nokia）、三星（Samsung）、索尼（Sony）、东芝（Toshiba）等，几乎你能想到的任何一家知名科技公司。富士康不是一家公司，它是一头巨兽，一个电子业超级巨人，只手包办全球近半数这类科技的产量。

若富士康的 120 万名员工被机器取代，许多人的境况将会很惨。富士康公司创办人暨董事长郭台铭在 2011 年宣布，该公司打算部署机器人大军：“在三年内，以 100 万台机器人取代部分人力，以降低人事成本、提升效率。”富士康是否真的会贯彻这项计划，有多少员工将被机器人取代，我们不得而知，但这项计划显然已经启动，台湾的研发单位和工厂自行打造机器人，目前已经雇用 2000

多名工程师来推动这项计划。显然，富士康致力于将部分事业自动化，这应该不足为奇，为什么不这么做呢？机器人比人类工作者更便宜、可靠，不会要求休假，不会自杀，也不会抗争要求更多权益。机器人能够确保公司的获利，这对一家跨国企业和其股东而言最为重要。

西方世界的新闻媒体大幅报道了富士康员工的自杀潮后，有关该公司营运的谣言开始散播。这个事情最悲哀的一面，并不是富士康员工如何在可怕的条件与环境下工作和生活。真正令人讶异的是，事实上，相较于一般的中国公司，富士康提供的工资更高、工作条件更佳，员工的自杀率更低，只不过富士康的事情上了新闻，令我们突然愤慨起来罢了。其实，这就是目前社会经济制度的本质之一：效率与获利被视为比人们的生活更重要。

朝自动化方向推进的公司，并非只有富士康。佳能（Canon）在2012年6月宣布，该公司的一些相机工厂将逐步淘汰人力，以降低成本。该公司预计在2018年将日本四座制造厂转为自动化生产模式，期望降低制造成本，同时提升国际竞争力。公司发言人否认此举意味裁员，他告诉美联社（The Associated Press）记者："当机器变得更进步、纯熟时，人类可以改做新类型的工作。"这些都是好听话，我怀疑它们不是真话。

组装线工人执行单调、反复、不大动脑筋的相同工作多年，他们在进入工厂工作前，都是进化与天择之下的杰作，具有想象力，有梦想，也有抱负。他们有无限的可能性，可以成为艺术家、科学家、音乐家，成为推动人类发展的各种新发现的推手。但在工厂工作了几年后，他们只不过是移动机件的另一双手，原本的梦想束之高阁，现在的希望与抱负降低到只剩下求得又一个月的温饱而已。我不认为这些人在突然间能够改当工程师、工业设计师、业务经理或计算机科学家等，而且前提是佳能公司将大量增加这类职缺（当然是不可能）。

富士康与佳能，只不过是无数例子中的两个。以机器人取代人力的趋势，在全球愈来愈明显，现在就连大报都察觉了。《纽约时报》在2012年9月14日，以六页篇幅刊登了一篇名为《机器正在接管》（*The Machines Are Taking Over*）的报道。《华尔街日报》（*The Wall Street Journal*）在2011年刊登了《为什么软件正在吞食全世界?》（*Why Software Is Eating the World*）这篇报道，来探讨相关议题。我相信，在不久的未来，这类文章将有增无减。

趋势很明显，制造业公司正在推行自动化，“人们会找到别的事做”这类话，不过是逃避性推辞，不愿意正视现实：变化发生得太快，被机器取代的多数工作者，并没有足够的时间学习新技能。当然，我们也许能够创造出数量相当于被机器取代的工作数量的新就业机会，但我非常怀疑这种可能性，后续在第九章会有更多讨论。

3D 打印

你在家中和一群朋友举办派对，其中一人喝多了，摔坏了一个玻璃杯。通常，你必须去外面再买一个，或者上网订购一个，但现在你也可以用计算机下载玻璃杯的计算机辅助设计（Computer Aided Design，CAD）档案，按下打印键，看着你的3D打印机复制出一模一样的玻璃杯。这件事很酷，但还不到改变游戏规则的程度。

现在，想象你是一艘货柜船的船长，几天前，这艘货柜船从中国出发前往旧金山。目前，你置身于太平洋上，船却突然停止不动。首席工程师来到驾驶舱告诉你，引擎有一组机件坏了，但没有备用零件，无法更换。你知道这艘船停摆了，你只能求援、等待，延误交货期限，损失很多钱，很糟糕。但现在不同了，如果你有一台3D打印机，你可以选取档案，打印出这组机件，用来修复引擎。不出一小时，你的船就能够继续航行，这才真的叫酷！

这就像电视影集《银河飞龙》（*Star Trek: The Next Generation*）里的复制机（replicator）。[①] “茶，伯爵茶，要热的”，许多粉丝应该对毕凯舰长（Captain Jean-Luc Picard）常对食物复制机说的这句话耳熟能详。只要说出任何你想要的东西，这个东西就会出现在你的眼前，我们离此神奇科技的问世还要多久呢？

如今，3D打印机是一个已有数十亿美元市场的产业，而且正在快速成长。从DIY的开放源码模型，到先进的商用型产品，3D打印机的种类繁多，价格从数百美元到数万美元不等。3D打印机的背后原理其实很简单，就像一般的喷墨

① 在电视影集《银河飞龙》中，复制机的运作方式是把比原子还要小的粒子（宇宙中到处存在这种粒子）重组形成分子，再用这些分子制成物体。例如，想要制造出一块猪排，食物复制机首先形成碳、氢、氮等原子，再把它们组合成胺基酸、蛋白质及细胞，然后把这些分子组合成猪排。

图7-1 电视影集《银河飞龙》中的复制机，正在制造一个马克杯

或激光打印机，它们读取你的计算机里的一个档案，然后操作物质，制造出你想要的东西。唯一的差别是，它们能够三维打印，而非二维打印，而且它们能使用许多不同的材质。

3D打印机已被用于快速打造原型和快速制造，许多DIY的热衷者及黑客纯为乐趣地在自家使用3D打印机。虽然这类机器目前还未能复制所有商品，但是正在稳定地发展中。开放源码计划RepRap（replicating rapid prototyper）的巨大成功，创造出大量的3D打印机，这都得归功其开放、自由和杰出的社群。这里列举一些价格低于1000欧元的3D打印机：MakerBot的Thing-O-Matic和Replicator、Ultimaker、Shapercube、Mosaic、Prusa、Huxley、Printrbot等，它们全都是在这几年间陆续问世的，如果你购买散装组合自行组装，不到300欧元就能买到一套。

价位较低的3D打印机目前仍较为受限一点，在分辨率（可以看到不完美之处）和可使用的材质（大多是塑料）方面都受限。但商用型3D打印机就不同了。在本文撰写之际（2012年），最先进的3D打印机具有16微米的精确度，也就是0.016公厘（1公厘=1毫米）！人眼的分辨率极限大约是100微米，iPhone

图7－2　价格不贵的Replicator 3D打印机，能够打印出彩色图像

4S的“Retina Display”屏幕技术像素宽度是七八微米，这么比较，各位就能了解这些先进的3D打印机的分辨率有多高了。

这类较高阶的3D打印机能够打印多种材质，例如ABS塑料、聚乳酸（PLA）塑料、聚酰胺（尼龙）、玻璃填充聚酰胺、光固化成形材质（环氧树脂）、银、钛、蜡、聚苯乙烯、陶、不锈钢、光聚合物、聚碳酸酯、铝，以及包括钴铬合金在内的种种合金。你可以彩色打印，甚至可以打造出比其他任何制造技术都要复杂或不可能制造出来的结构。你可以打印出可活动的组件、各式铰链，甚至是零组件的组件。

3D打印机并非只用于取代一般制造法，人们已经使用3D打印机打印出看起来很酷的个人义肢、骨头一般的材质，甚至是人体器官。

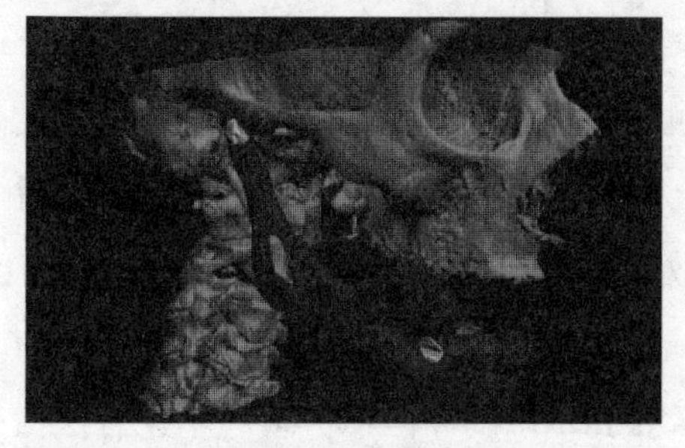

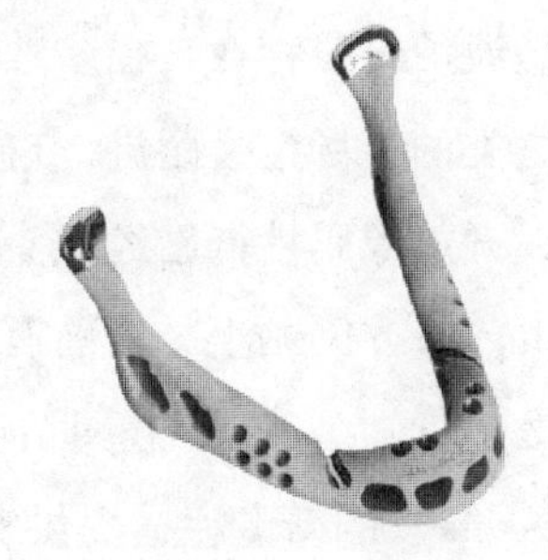

图7－3　3D打印机打造的下巴，安装于83岁女士的脸部，医师群说这是创举

使用3D打印机来改善人类生活的一个很令人振奋的例子，来自资深义肢设计师史考特·萨密特（Scott Summit）团队。这支由工业设计师与整形外科医师所组成的团队，肩负的使命是为先天或意外的失肢者提供贴心且个人化的服务。套用他们的话："我们每个人的身体都是独一无二的，就像我们的品味与风格，人类绝对不是一体适用的。我们体会到这个事实，为顾客打造个人化的义肢，希望能让顾客和义肢建立情感，有自信地穿戴它们，作为自我表现的形式之一。"

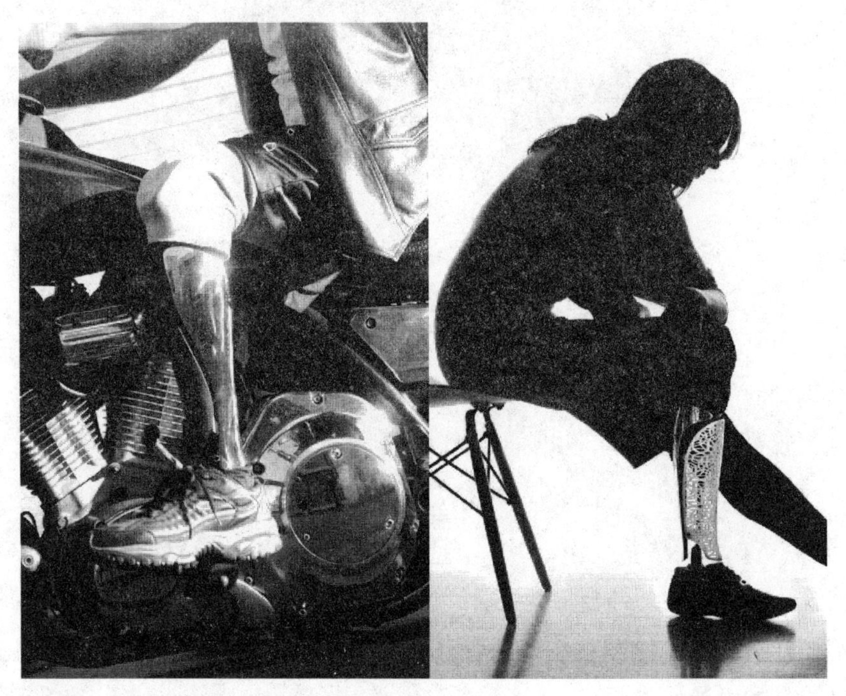

图7-4　3D打印义肢美图，取自订制创新公司（Bespoke Innovations，Inc.）

我预测，我们很快就会看到这类机器的质量快速提升、成本显著降低，变成日常商品像微波炉一般存在，在多数家户中都可见到。iTunes、安卓（Android）、亚马逊网站之类的市场也会跟进，再加上它们的"盗版"，以及开放源码的竞争者；事实上，开放源码社群已经领头（而且一直是领头者），用户自创设计档案分享平台Thingiverse网站上，目前有数十万个自由分享的设计档案供人们下载、打印或加以改进。知名BT下载网站海盗湾（The Pirate Bay），在2012年宣布开辟名为"Physible"的新专栏，提供实物的CAD设计档案下载（不论合法与否）。

可能用不了几年，我们多数人的家里将拥有精准度达微米水平、能够打印多种材质与色彩的3D打印机，其设计将变得极便宜，或是完全不花钱。

目前，3D打印比较像是一种嗜好，但它可能很快就会成为改变众多产业的技术。3D打印的另一项优点是，它不受限于规模经济下的尺寸与外形限制，可依需求量身打造对象，从大量生产型经济转变为大量客制化经济。现在有多少工作仰赖制造业，未来，我们大概也会看到这些工作消失。

自动化建筑工程

在美国或加拿大，兴建一栋两层楼的房屋，通常需花费六周到六个月的时间，大多动用数十人。但现在有更新、更迅敏的建屋法，其中一些方法已被采用。在中国，他们能用十五天的时间兴建三十层的现代设备摩天大楼，相当于无间断地每天盖两层楼。他们使用预铸工法，把整栋大楼模块化，在工厂把所有组件预先做好后，在现场组装起来。这种建物可耐九级地震，有优异的隔热性能与隔音系统，而且节能效果是一般饭店的五倍，并设有智能型空气循环与控制系统。这个例子具有重要含义：我们已经设计出一种建筑方法，可以在任何地方用几天的时间盖好建筑物，施工误差度为正负0.2毫米。

这是我们目前能达到的境界，接着我们来看看未来。

轮廓工法（Contour Crafting）的建筑流程，是使用计算机控制的起重机或起重架台，在不使用人力的情况下，快速、有效率地兴建建筑物。这种技术有可能在十年内，大幅进步到使我们能够把设计规格下载到计算机，然后按下打印键，看着巨大机器人以不到一天的时间盖成一栋混凝土住屋。整个兴建过程不需要工人，只需要几名监督人员和设计师。你可能会想，这不就像一台巨大的3D打印机？没错！概念相同，差别只有规模和材质。

南加大（University of Southern California）工程教授贝洛克·柯希尼维斯（Behrokh Khoshnevis）目前正在发展这种轮廓工法，这种技术原本构想是作为制造工业零组件的一种方法，但柯希尼维斯决定把这项技术应用于快速兴建房屋，用于天然灾害后的重建工作，例如他的祖国伊朗经常发生地震灾害。柯希尼维斯说，他的机器系统可以在一天内建造出一栋完整的房屋，而且这套系统的电动起重机几乎不会制造出建筑废料，这点尤其引人注目，因为目前一般的住屋兴建工程会制造出 3 ~7 吨的废料，建筑机械还会排放废气，更别提每年因为工地意外导致的数千人丧生。轮廓工法能够降低成本、减轻环境污染、节省材料、避免建筑工人遭受意外伤害，但当然也会导致许多人失去工作。

一些产业和机构已经展现出对此技术的兴趣：开拓重工公司（Caterpillar, Inc.）2008 年夏季拨出资金推动名为“Viterbi”的计划[①]；美国国家航空暨太空总署（NASA）也已经开始评估把轮廓工法应用于在火星和月球上兴建基地的可行性；奇点大学的研究生推出 ACASA 计划，聘请柯希尼维斯担任技术长，计划将轮廓工法商业化。

自动化新闻作业

你可能认为，写作是机器永远做不来的工作之一。虽然可以编程让计算机写文章，但计算机写出来的文章读起来枯燥、没有灵魂、很假，马上就能看出文章是计算机写的，对吧？是这样吗？

我们来看看你的辨识力如何。下页三段文章的内容，是一场棒球赛事报道的开头段落，你能否辨别出哪段文章是人类写的，哪段是计算机写的？

a）The University of Michigan baseball team used a four – run fifth inning to salvage the final game in its three – game weekend series with Iowa, winning 7 – 5 on Saturday afternoon（April 24）at the Wilpon Baseball Complex, home of historic Ray Fisher Stadium.

周六下午（4 月 24 日），在威尔彭棒球场（Wilpon Baseball Complex）——具有历史意义的雷·费雪体育场（Ray Fisher Stadium）的所在地，密西根大学棒球队于第 5 局灌进 4 分，终场以 7：5 击败爱荷华，赢得三场周末对抗赛中的最后一场。

b）Michigan held off Iowa for a 7 – 5 win on Saturday. The Hawkeyes（16 – 21）were unable to overcome a four – run sixth inning deficit. The Hawkeyes clawed back in the eighth inning, putting up one run.

---

① “Caterpillar Inc. Funds Viterbi ‘Print-a-House’ Construction Technology,” University of Southern California School of Engineering, http：//viterbi. usc. edu/news/news/2008/caterpillar-inc-funds. htm.

密西根在周六以7:5击败爱荷华。目前战绩16胜21负的鹰眼队（爱荷华棒球队），虽然在第6局扳回4分，仍居落败，第8局再得1分，终场未能反败为胜。

c）The Iowa baseball team dropped the finale of a three - game series, 7 - 5, to Michigan Saturday afternoon. Despite the loss, Iowa won the series having picked up two wins in the twinbill at Ray Fisher Stadium Friday.

周六下午，爱荷华棒球队以7:5败给密西根，输掉三场对抗赛中的最后一场。尽管输了这场球，爱荷华在周五于雷·费雪体育场进行的连两场比赛中告捷，因此最终仍然赢了对抗赛。

这三段文章看起来很相似，猜猜看，哪一段是由没生命的机器写的？全部都是机器写的？还是全部都是人类写的？

如果你认为c是计算机写的，你猜对了。我可以想象得到，你现在可能会回头重读一遍，心想："对，再看一次，应该是c没错。这三段虽然看起来都不是得普立兹奖（Pulitzer Prize）的料，但c看起来比a和b更枯燥，应该是计算机写的。"你内化这项事实，再看一遍，以加强你的看法。如果你再读一遍，我相信你能立即看出缺陷，就像潜意识的讯息，一旦你觉察它们，它们就不再起作用了。

不过，抱歉，你上钩了。正确的答案其实是b，它才是计算机写的。若你答错了，别难过，叙事科学（Narrative Science）和其他公司已经有许多媒体产业的客户在使用这项技术，但多数人并未察觉这些媒体业者提供的内容是由计算机撰写的。这些媒体公司的身份被保密，但我们知道它们使用这项技术，因为推出这类智能型算法的公司，已经在很短的时间内赚大钱。这种软件目前主要被用于运动、财经、商业、市场，以及不动产的新闻报道。我不想过度推测目前这类算法已经可以取代所有新闻工作者，但我们别忘了，想要颠覆一个产业，并不需要取代该产业所有的工作饭碗，只要取代足够大的比例即可。

我发现，人们往往表现出类似下列的逻辑谬论：如果能找到机器无法取代人类的一个例子，就能驳斥技术性失业的论点。我认为恰好相反。如果你必须依赖单一特例来支持你认为机器无法完全取代人类的论点，其实就证明了我的论点才正确，而该工作类别中的工作者，将普遍沦为技术性失业的受害者。

只要想象几个搜集和个人阅读习惯有关的庞大信息量的龙头玩家，例如谷歌或亚马逊，如果他们决定进军自动化新闻业市场的话，将会有什么样的演变？我们已经看到谷歌新闻借由搜集其他媒体的文章，经过分门别类后，制作出更好、更快速的个人化动态消息，对其他新闻网站造成冲击。如果这类软件开始自行撰写报道文章呢？你认为离这种境界还要多久？如果你认为还要等个几十年，包准你很快就会吓一跳。

人工智能助理

不知你是否还记得，1997 年 5 月，在被称为“史上最受瞩目的西洋棋赛”中，世界棋王盖瑞·卡斯珀洛夫（Garry Kasparov）被 IBM 计算机“深蓝”（Deep Blue）击败。当时，IBM 的计划是依靠其使用蛮力（brute force）[①] 的计算机演算力优越性，分析数十亿种组合，来对抗这位俄罗斯棋王的直觉力、记忆力及形态辨识力。没有人相信这代表一种智能行为，因为它以很机械化的方式运作。各位，从那以后，我们已经有了长足的进步。

典型的“杜林测试法”已被广泛认为不合用于实际研究目的，它现在只是供好奇心测试，作为一年一度的勒布纳人工智能奖（Loebner Prize）比赛方式。但杜林测试法帮助孕育出现代认知学和人工智能这两个重要领域：从许多小而简单的互动过程，计算器率，得出复杂行为。如今，我们相信这些更相近于人脑的运作方式，它们也已经被广泛用于真实世界的应用，例如谷歌的无人驾驶车、更精准的搜寻结果、更适切的推荐系统、自动化语言翻译、个人助理应用程序、控制演算搜寻引擎，以及 IBM 最新的超级计算机“华生”（Watson）。

自然语言处理被认为是只有人才能做到的事。在不同的环境背景下，相同的一个词或一句话有不同的含义，玩笑话或双关语不能照字面解读，有些话具有特定地理或文化地区的背景含义或文化指涉，类似这样的可能性无穷无尽。智力竞赛电视节目《危险边缘》（*Jeopardy!*），就非常贴切地呈现了英语这个语言的复

---

① 在计算机科学中，蛮力搜寻法（brute-force search）或穷举搜寻法（exhaustive search）又称为“生成与检验”（generate and test），是一种简单但很总括的问题解决方法，包含有系统地列举所有可能的解方，检查每个可能解方是否满足问题所说的目标。举例而言，用蛮力算法来寻找一个自然数 n 的除数时，其方法是列举从 1 到 n 的平方根的所有整数，然后逐一检查 n 除以每个整数是否能除尽而没有余数。

杂性与细微差异性。该节目已经播出长达半个世纪，节目中出现了一些令人惊叹的天才，布莱德·卢特（Brad Rutter）是该竞赛史上最高奖金的得主（截至2012年本文撰写之际，赢得奖金3455102美元），肯恩·詹宁思（Ken Jennings）是连赢最多场的纪录保持人（74场）。

2011年2月，IBM的团队决定要在历史性的人机大战中挑战这两位冠军，这是意义重大的一刻。华生击败了这两人，赢得100万美元奖金（IBM把这笔奖金捐给慈善组织），詹宁思和卢特各得30万美元和20万美元，两人都声称将把半数奖金捐作慈善用途。这对人工智能研究人员而言是历史性的一刻，他们达到了仅仅几年前只有科幻小说家和未来学家相信能做到的境界。

虽然IBM这项成就非凡，但我们必须从更深入的层面来看。华生读取两亿页的结构化与非结构化内容，使用四兆字节（terabyte，TB）的磁盘，包括维基百科的全部内容。华生的硬件有2880颗处理器核心，以大规模并行的处理方式运作，使华生得以在三秒钟内回答《危险边缘》的题目。[①] 华生的硬件总计成本约300万美元，它的"脑部"使用80千瓦电力和20个空调装置，反观把詹宁思和卢特的脑部放进鞋盒里，大概还留有不少空间，而且给他们的脑部"充电"的，不过是几杯水和几块三明治。

现在，请你回忆计算机演算力的指数成长。未来二十年，人脑将大致维持不变，但计算机的效率和演算力将倍增约20次，相当于增强100万倍。所以，你可以花相同的300万美元成本，获得比华生强100万倍的计算机，或是只花3美元获得脑力与华生相当的计算机。

华生的演算力与非凡的先进自然语言处理、信息检索、知识表述与推理、机器学习、开放领域问答等技能，已被用于比在电视益智竞赛中卖弄更好的用途上。IBM和专长于语音辨识技术的计算机软件科技公司纽昂斯通讯（Nuance

---

① IBM指出，华生是一套专为复杂分析而设计的工作负载最适化系统，藉由结合大规模并行运作的POWER7处理器和IBM DeepQA软件，使其能在三秒钟内回答《危险边缘》的题目。华生是由九十部IBM Power 750服务器所组成的服务器群，有十柜额外的输入输出端口、网络和服务器群控制节点。它有二八八·POWER7处理器核心，以及十六TB的随机存取内存（RAM）。每一部Power 750服务器使用一个3.5吉赫（GHz）、八核心的POWER7处理器，每个核心有四执行绪（thread）。POWER7处理器的大规模并行处理能力，能和高度并行化结构的IBM DeepQA软件理想搭配；并行处理模式把工作量拆解成多个并行处理的工作。

Communications, Inc.）在2011年宣布携手研发商用产品，用华生的能力作为临床医疗决策支持系统，帮助诊疗病患。

还记得前文提及医事放射师工作自动化的例子吗？华生有执行此工作的充分能力，而且只需动用其巨大能力的一小部分。这还只是开始，华生之类的技术可被用于近乎任何东西，诸如法律咨询和都市计划（IBM和思科系统已经投入于打造智慧城市），如果用于公共政策的决策上，又有何不可？

物联网（Internet of Things）时代将来临，我们最好有所准备。技术变得太便宜、太给力，将会被融入日常物品中，帮助我们做出更好的决策。当世上所有物品都内含微小的识别装置时，地球上的日常生活将发生极大转变。企业将不会存货不足，也不会浪费产品，因为所有涉及的单位都知道市场的需求及消费了哪些产品。记不得放在什么地方或被偷的物品也很容易被追踪找到，使用它们的人也一样。你和物品的互动能力因此多少会改变，改变程度视你目前的情况和现有的使用者合约而定。虽然我们还未到达这种境界，但已经愈来愈接近了。

回到当前的情况，来看看现今市场供应了哪些相关技术的东西。语音辨识系统Siri是苹果公司提供的个人助理应用程序。使用过的人都知道，它跟玩具差不多，但要是有人想说服你相信它的功效，那根本是营销吹捧。这套系统有内建的人工智能去辨识说话内容，具有基本交谈、约定会面时间、发送电子邮件等功能，并要求搜寻引擎WolframAlpha对你使用自然语言提出的疑问提供计算机演算结果，但是效能不大好。这个所谓的“智能型助理”，对自然语言的理解力很差，无法适应许多口音，而且使用起来感觉一点也不像在和真人交谈。总的来说，感觉是你必须去适应它，而不是它在适应你。

话虽如此，正如我们在前文中讨论过的指数曲线成长的威力，我们别轻忽它的无限潜力。Siri只不过是第一个原型，很快就会有真正的智能型助理问世，能够了解任何人所说的任何语言，为人们的需求提供协助。假以时日，它将会更加进化，变得智能性更高、更实用，但未必是等同于我们的智能。它的进展将自动瞬间传播、转植到世界各地与它连接的所有器材上。谷歌已经在为其安卓系统平台研发一种这样的个人助理应用程序，以便和Siri抗衡。我们可以预期，IBM的华生也会在这个舞台上扮演角色。

前述这些只不过是台面上已知的参赛者而已，今天，由三四个人组成的小团队，只要取得云端运算力，就能开发出革命性的新智能型系统，供数以百万计的人们使用。初期的投资成本很低，计算机演算力的普及，使得投入的成本可以随着事业扩张而渐增。进入门槛低，事业后续扩张发展面临的成本阻碍也随之降低。

我们即将体验到这类技术的巨大变化，此时的我们还无法想象其后果，就如同史前石器时代穴居人无法想象我们今日生活的复杂城市与社会，现在的我们也无法正确预期未来的情境。

自动驾驶汽车

人们常说，某个事件的发生必然有其明显道理，将会造成改变，否则就不会发生了。其实，世事没那么简单，社会是多面向、复杂、不断演进的有机组织，有许多变量和相当程度的不可预测性。技术人员往往未能考虑到人为因素、群众心理，以及事件的自然发展。我认为，前述这种非A即B的观点，都未能正确描绘身为人类的我们对这类事件的反应。人类学家通常并不了解技术，因此在面对颠覆性的变化时，他们的社会论点并不正确。

以自动驾驶车辆为例，也就是不需要人驾驶的汽车、卡车或巴士，因为科幻小说作家的缘故，无人驾驶车辆的概念已经在流行文化中存在了好长一段时间，如今我们已有工程、数学及计算机演算能力，可以把这个概念化为现实。一些人对这项技术感到非常兴奋，我访谈的一位人士说："也该是时候了，我迫不及待想要拥有这么一部车。人类驾驶显然很快就会消失了。"但是，我也听到了非常不同的回答："我不信任机器，它们永远不可能像我们一样。我绝对不会坐进这样的车子里，我要自己掌控。大家不会接受这种东西的，他们绝对不会让自动化的车子在街上跑。"我访谈过的许多人抱持这种观点，其中一些人尤其对无人驾驶车辆的概念感到不安，而且令人讶异的是，这其中包括年轻人。

要考虑的因素很多，发展演进历经许多阶段。首先是新技术的发展，计算机科学家、数学家、物理学家和工程师组成小型的研究团队，决定面对某个问题。经过几年的研发，有时甚至只需经过几个月的时间，他们就打造出一个可行的原型，进行测试，加以改进，再测试。他们改变条件，反复测试，直到对成果感到满意为止。现在，可行的技术已经诞生，它通过正常环境和极端条件下的压力测试，所有数据显示这项技术可靠；事实上，它比任何人还要可靠，更安全，也更快速。

不过，这只是第一阶段，接下来还要看这种技术的社会接受度。这件事不会像表面上看起来那么简单，对于利用这些机器的概念，人们的反应不一。多数时候，人们之所有会有对立意见，是基于对技术本质的不了解。无论他们是否信任或持有怎样的信念，他们会根据自己的直觉形成意见。歧见确实存在，也造成了重大的影响与后果。一项能够帮助改善人类生活的技术问世，未必就会被立刻实行，因为这当中涉及了许多社会性因素。

为了说明此转变的可能演进过程，我在后续段落尝试预测我个人认为的无人驾驶车辆的可能未来情境。当然，我没有预知的能力，但我会尝试做出有知识根据的猜测。后续描述的情形，有一部分在我行文之际已经发生，但许多尚未发生。我所言正确与否，时间会给予解答。

无人驾驶车辆的可能演进史

谷歌宣布，该公司已经发展出无人驾驶车。经过几年的研发，他们以极少的投入资金和小型团队，利用计算机演算力，解决了我们这个时代的一个高度艰难问题。利用神经网络及其他先进的机器学习算法，以及巨量数据，再加上技术的指数成长，带来更便宜、更快速的计算机演算力，以及感应器、GPS 和激光系统，谷歌现在已经开发出可行的无人驾驶车原型。

他们让这种无人驾驶车上路测试，让它跑上数千公里。这种无人驾驶车能够辨识道路和交通标志、人行道、穿越马路的狗，以及所有的周遭事物。它具有 360°的周遭区域视野，不论晴天、雨天、起雾、道路结冰、下雪，大干道或小径，它在任何环境下都能够行驶。它能够行驶于乡间，能够驰骋于干道，能够穿梭于交通繁忙的城市，且聪明地避开障碍物，它甚至能在潜在危险的事件突现时避免意外发生，例如当一个小孩突然冲到马路上，或是当一辆脚踏车无预警地骑到马路中央，因为设计团队早已预期到这种情况的发生。

谷歌向大众公布这些成果，人们当下的看法分歧，多数人没去深究了解，就因为先入为主而喜爱它或讨厌它。媒体也没有帮上忙，许多新闻记者用几句不明事实的评论带过整件事，大众未能获得任何可能促使他们改变看法的信息。他们看新闻报道的理由是想要变得信息灵通，他们听信自己听到的。一些新闻管道提供了很好的服务，但往往只是提供“个人意见”，这些意见表达者本身对主题并不了解，只是收新闻媒体的钱，展现他们的无知，并且传播给大众。

在此同时，谷歌持续进行更多测试，吸引许多公司和投资人开始注意。谷歌打算发表最初版本的半自动驾驶车，预设选择是由人驾驶，但可以在任何时候切换成自动驾驶模式，让车子自动行驶。有一些州政府及国家提出新立法来管制这类车辆，保险公司计划据此来调整它们的保单。这个过程历经了一些时日，长达几个月甚至数年的时间，主要是因为陆续浮现的社会压力，核心议题是安全性与责任：万一发生意外，责任在谁？车主？制造汽车的公司？系统研发团队？还是允许这种车子上路的州政府？一些人提出另一个问题：这种技术导致许多工作消失，人类驾驶被取代，但我们却没有减轻这种失业问题的补救计划。这些人的意见遭到漠视，这个问题没能成为政治议题，因为一般认为，解决这个问题是市场的职责。

历经这些媒体的骚动后，首批商用无人驾驶车辆终于问市，只有一些州准许它们以自动模式行驶，因此手动切换模式为必要。它们面临了来自许多团体的强大阻力，这些团体包括技术恐惧者、政治团体、游说人士、尚不具备此项技术的公司，以及担忧孩子安全的父母，因为新闻媒体告诉他们，这种机器会令他们的小孩丧命，而且不必承担任何道义责任。因此，要被社会普遍接受，并非易事。

另一方面，使用此技术的驾驶人极为满意。一开始，只有那些有特殊需求的人会购买这种车子，例如行动能力或视力差的人，以及老年人等。但不久，这种车子渐渐开始盛行，成本降低，口碑开始传播。在允许这种车辆上路的州，交通堵塞的情形开始减轻，最终消失。选择乘坐这种进化过的赛伯车（cybernetic car）的车主，对自己的投资感到很满意，也很享受这种交通方式。他们可以在车上悠哉地读报，使用智能型手机完成一些工作，或只是看着车窗外的天空，就像搭乘火车时那样。

进入车内，你只需在GPS系统上设定目的地，然后便开始轻松享受自动驾驶的旅程。但真正的“杀手级应用程序”是“带我回家”指令，在紧张或有危险性的情况下，这项功用特别有益。比方说，在工作了一整天后，车主最想要的，莫过于能够无忧无虑地回到家，更重要的是，他们可以在外面和朋友喝酒，结束后坐进车内，咕哝一句“回家”，或按下仪表板上的“回家”键，然后就可以呼呼大睡，把一切交给车子。

关于这类车子如何帮助人们、如何明显改善生活质量的故事开始被报道，包括报纸社论、电视访问，以及一些名人的评论等。交通堵塞的情形持续减轻，交通事故开始明显减少，情况似乎在改变，大众的看法也变得更正面。后来，第一起重大事故发生了。

一部无人驾驶车辆如常行驶，另一辆由人驾驶的车子撞上它，这辆旧型车的驾驶人超速，也没有遵守交通标志。简言之，错在于他。无人驾驶车辆试图避开冲撞，但那辆由人驾驶的车子车速太快，一切发生得太快，根本躲不掉。结果是，那个驾驶人和他的乘客丧命。新闻媒体疯狂地报道这起事故，诸如“无人驾驶车辆撞死两人”“杀人机器”“谁要赔偿”之类的标题占据了新闻舞台。全国性电视节目访谈受害者家属，他们的悲痛与愤怒使得至今潜伏的对这种新机器的痛恨开始发酵——“我就知道会发生这种事!”“根本不能相信机器!”“我当初是投票反对这种立法的”“我们必须采取必要行动，以确保这种事情不会再发生”，诸如此类的言词不断涌现。

只有一些人说出了事实：在无人驾驶车辆问世后，到第一起重大事故发生前，由人类驾驶的车辆发生了难以计数的事故，数以百计的人丧命，但没有一桩上了新闻版面与媒体舞台。不过，这项事实之论起不了作用，因为事实并不重要，重要的是人们的看法。于是，有几个州宣布，绝对不会让这种可怕的机器再造成任何伤害，所以拒绝让它们上路。更多立法、更多大众议论、更多的辩论与反对，很快便随之而来。

在此同时，相关技术持续快速进步，无人驾驶车辆变得更可靠、更节能，它们的演算力更进步，也变得更便宜、更广布。于是，有更多公司发展这种技术，这种车辆的需求增加，很快就变成汽车业中唯一的成长市场。未能做出此项技术创新的公司，则有被淘汰出局之虞。另一方面，仍有一小群人继续谈论着开车的乐趣，他们滋滋乐道专心开车的好处，以及那些美好的往日时光。他们主张掌控工具的重要性，并且认为人们现在正朝往可怕且危险的方向前进。尽管无人驾驶车辆的技术领域持续不断进步，但仍然有人支持并忠于这种反对观点。

几年后，这种车辆在已开发国家变得很普及，虽然仍是混合版，但依靠自身驾驶技巧的人愈来愈少了。道路变得更安全，交通堵塞的情形大幅减少。一些大胆进取的公司开始设计全新的车辆概念：完全自动化的赛伯车，不再需要人类驾驶。如此一来，就能彻底改造车厢，座椅可调整成任何方向，例如四个人可以面对面坐，或是围成圈子坐等。乘车有全新体验，也变成一种社交活动。

在这种情境下，可以预期每辆汽车、巴士、卡车和出租车，现在都变成自动驾驶了。这当然是正确的选择，更节能、意外事故减少、交通堵塞的情形也减少、更便宜、比人类驾驶更可靠……这些都让只使用自动驾驶车辆成为很合乎道理的事。但是，世事并非总是跟着道理走，它们呈现复杂的动态，这和社会、集体思维，以及和技术与益处没什么关系的复杂动态有关，主要是和政治、营销、情感依恋、旧习惯、错觉、信念，以及每个人对益处的看法不同等有关。

先进技术的发明与创造，或许是一项艰难的挑战，但有时社会对技术的接受度，是远远更为困难的挑战。

依2015年12月的汇率换算，1000欧元约为新台币34857元（1元新台币≈0.213元人民币），300欧元约为新台币10457元。

第8章 社会接受度

纵使技术通过测试，证实可靠，已经适合使用，它的社会接受度也未必明显。害怕、不确定性、无知及各种特殊利益，这些汇聚起来，阻碍了创新与改善我们生活质量的提高。就拿因特网这个堪称人类史上最大的革命来说吧，它带给我们无限的可能性：信息民主化，广泛、自由地分享创意，全球实时通信，种族与阶级平等，它让任何人与任何地方都拥有相同机会。这些是因特网的可能性，但实际上呢？少数公司掌控了取得因特网服务的门径，少数公司构成很大比例的因特网流量。尽管我们有技术和潜能可为全球70多亿人提供自由、不受限的因特网通路与使用，但迄今只有1/3的世人使用这项全球连接技术。

纵使因特网得以通达人们，但情况的发展也不如预期。政治应该确保言论自由，但实际上，在全球各地，因特网审查却是广布且有增无减的现象。致力于民主、政治自由和人权支持的非政府组织自由之家（Freedom House），在2011年发布的《网上自由》（*Freedom on the Net*）报告令人感到沮丧，在该组织调查的37个国家中，有8个国家（22%）被评为“自由”等级，18个国家（49%）被评为“部分自由”等级，11个国家（30%）被评为“不自由”等级。这项调查发现，因特网自由受到的威胁增加，而且威胁的种类也增加，诸如网络攻击、政治目的的审查，以及政府掌控因特网的基础设施等，已经构成特别显著的威胁。

纵使是被评为“自由”的国家，也存在着一些威胁陷阱。例如，美国在“自由”等级之列，但长久以来，总是有人提议联邦政府及州政府立法限制存取特定网站与服务，或是控制使用的人们。这类立法提案有些具有良好意图，但它们很容易被扭曲而加以利用。最近的一项这类立法提案是《禁止网络盗版法案》（*Stop Online Piracy Act*，*SOPA*），它和双胞胎姊妹法案《保护智慧财产权法案》

(*Preventing Real Online Threats to Economic Creativity and Theft of Intellectual Property Act of* 2011, *PROTECT IP Act*) 结合起来，赋予娱乐业者因特网审查权。制片人柯比·佛格森（Kirby Ferguson）对此做出精辟解释。

《保护智慧财产权法案》将无法遏止盗版行为，却会引发广泛潜在的审查与滥权，使网络变得更不安全、更不可靠。我们谈的是因特网，它是充满生机与活力的媒体。我们的政府试图干涉它的基本结构，期望促使人们购买更多好莱坞电影。但是，好莱坞电影不是基层百姓选举出来的，它们不会推翻腐败的政权，整个娱乐业甚至没对我们的经济做出那么多贡献，反观因特网做到了，而且还做得更多。企业已经有对抗盗版的工具，它们有办法打击特定内容，不但能够提出诉讼把点对点（peer-to-peer，P2P）软件公司告倒，也能把那些谈论如何拷贝 DVD 的新闻工作者告上法庭。它们向来善于扩大和滥用自身权力，家庭自制的婴儿 YouTube 影片只因为使用有版权的背景音乐，就被要求必须删除下架。它们把惩罚大规模商业盗版行为的法条，拿来对付家庭和小孩，甚至提出诉讼要求禁止 VCR 和最早的 MP3 播放器。所以，问题是，它们会把这件事发展到多极致？答案很显然，我们允许它们发展到多极致，它们就会那样发展。

2012 年 1 月 18 日，维基百科的英文网站、瑞迪网站（Reddit. com），以及其他 7000 多个规模较小的网站联合暂停服务，目的在提醒人们意识到这类立法提案的愚昧。当天，有超过 1 亿 6000 万人点阅维基百科的横幅标语，法律援助公益组织电子前线基金会（electronic frontier foundation）、谷歌及其他许多组织取得数百万人联署，许多人开始抵制支持这些法案的公司，数千名运动人士在纽约市举行抗议集会。结合力量，共同行动，我们就得以杀死这头可怕的怪物，但他们已经卷土重来，推出其他类似或更甚的愚蠢提案。

政治人物不仅对相关技术的基本运作无知，他们还充当企业的打手。更确切地说，无知使他们让收钱的游说人士撰写对企业及业主最有利的法案，这些企业及业主不满于已经分食到的绝大部分大饼，想要取得整块大饼。这是让钱作为一种“自由言论”形式所导致的问题，它形成了一种军备竞赛：试图用更多的钱购买“权利”法律。从这类法律得利的企业，总是有更多钱可以购买更多有利于它们的法律。这不是愤世嫉俗的观点，也不是阴谋假说，事实很明确：美国所得最高的前 0.1% 包含了总资本所得的半数。

问题还不仅于此，政治人物和大企业只是问题的一小部分而已。研究显示，民众对日常问题与挑战的理解能力非常低。在美国，约87%的人甚至无法执行稍微复杂的工作，例如阅读并了解有关外交事务的新闻文章，或是比较社论观点、阅读图表，或比较百分率等，而且有22%的人是功能性文盲（functionally illiterate），只具备有限的阅读、书写和计算能力。意大利、英国、比利时、澳洲、加拿大，以及其他许多已开发国家的情形也一样。这就难怪民众对复杂议题的认知有所偏差了，在超过60%的人连60%的含义都不知道的情况下，如何能期望至少60%的人口了解并根据正确信息做出明辨是非的行动？

以“气候变迁”或新闻媒体常说的“全球暖化”这个议题为例。多年来，它是报纸和政治谈话的一个辩论主题，仿佛这是一个由舆论来断定的问题，仿佛新闻工作者、政治人物、经济学家或其他任何不具气候学专业的人，都能对这个主题说出有意义的洞见。多年来，人们辩论这个议题，提出“证据”支持或反对“人为引发全球暖化论”。盖洛普机构（Gallup）在2010年3月发表的民意调查结果显示，48%的美国人认为全球暖化的严重性被夸大，该比例比2009年的41%和2006年的30%还要高。在英国及其他许多国家，同样出现这种惊人的民调结果。我们知道气候变迁正在发生中，也知道我们必须负大部分的责任，就连知名的气候变迁怀疑论者也承认他们对气候变迁数据的怀疑是不正确的，由否认气候变迁、想举反证证明的人们所资助的研究已经证实了这点。但是，不当的新闻报道、政治性谬论、伪科学，以及大众的无知，结合起来仍令科学难以推进。

害怕、不确定性，以及无知，这些对改善生活的技术被广为接受构成了重大的阻碍，但阻力并非只有这些。以超市的自动化结账为例，若适当发展相关技术，并且正确推行，采用高度直觉、易于了解与使用的接口，将可加快结账的流程，提升效率、减轻压力，但当然这会导致数百万人失去工作。

纵使在最可能的领域，自动化也不会完全取代所有人力，这是有原因的。以餐厅为例，有人认为餐厅就是你付钱取得食物的地方，错，这是对快餐店的描述。在餐厅，你付钱不只是购买食物本身，也购买整个用餐体验。如果一家餐厅供应的餐点美味至极，但地板上有屎，你肯定会要求退费，或是转头就走。进入一家餐厅时，你期望有个舒适、愉快的用餐环境，最好有安静的气氛、宜人的灯光，有亲切的服务生欢迎你，为你提供餐点及酒品建议。这些全都是构成美好用餐体验的元素，想要把人这项元素从餐厅的情境中去除，可能比一些技术热衷者想象的更难。

人类喜爱有他人相伴，希望引起他人共鸣，喜欢聆听与述说故事，交谈感兴趣的事物及不同观点。就算你和一位餐厅服务生的互动可能很有限，但这个有限的互动可能也很动人，也是你决定舍弃快餐店而光临高级餐厅的原因之一。现在，请想象一个美女的影像，她知道我们所有的兴趣，不但记得我们上次光顾的时间、和谁一起来，并且能根据这些信息以温柔语气询问问题。科技热衷者经常举这样的例子来支持自动化，但我不认为很多人会喜欢这种非真人的服务，至少在可预见的未来，这种服务不会受到多数人的青睐。

由此可见，任何科学证据、破坏性技术或可能改变我们生活方式的东西，被社会接受的过程并不是线性、可预期的。过程中可能存在许多障碍，阻力可能来自四面八方，基于种种理由。

记住这点后，我们接下来要分析整体的劳动力现况，并预测技术的加速变化可能在未来带来什么结果。

第9章　未来的失业

本章将层层分析美国的劳动力，我选择分析美国的境况，主要理由有三：一是它是全球最大的经济体之一；二是它有很好的公开资料；三是许多工业化国家的情形和美国很相似。

截至2010年，美国约有1亿3900万名工作者，总人口数为3亿800万。失业率历时波动，但其起伏循环开始看起来更像是一种趋势，此趋势代表的是全球性的失业增加。

美国2010年的失业率是9.6%，仅次于1982年的9.7%。但更值得关注的统计数字是就业人数占总人口数的比例，美国2000年的总人口数为281421000人，就业人口总数为136891000人；2010年时，总人口数增加到308745000人，但就业人口总数只有139054000人，参见表9－1。

表9－1　美国的总人口与就业人口

年分	总人口	就业人口
2000	281421000	136891000（48.6%）
2010	308745000	139054000（45.0%）

美国及世界其他地方的失业人数，远比你以为的还要多。虽然新闻报道说，过去两年的失业率降低，事实不然。2012年3月，欧元区的失业率为创下历史新高的10.9%，但问题还不仅于此。

2011年，除了数百万的失业人口，另有8600万的美国人未被计入劳动力，因为他们并未持续寻觅工作，其中多数是年龄小于25岁或大于65岁者，参见图9－1。政治人物和经济学家很容易淡化人们对失业率的忧惧，他们只需改变衡量方式，就能顿时美化数字！

这是现况，看来不妙，那么未来呢？我们来看看从业者至少百万人的各种职业的就业统计，参见表9－2。

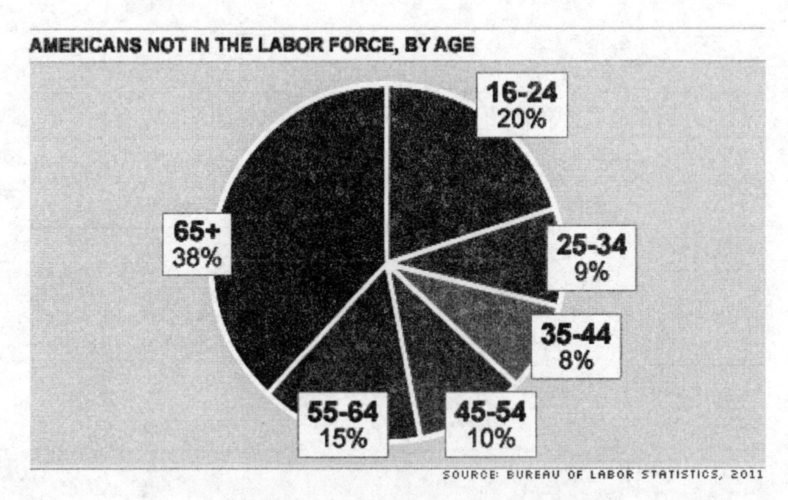

图9－1　未被计人劳动力的美国人（以年龄区分）

资料来源：美国劳工统计局，2011年；制图者为CNN。

请仔细检视表9－2，回答下列问题：有多少职业是在过去五十年间被创造出来的？表9－2中的三十四种职业构成美国劳动力的45.58%，但有多少新职业是技术进步创造出来的？只有一种——计算机软件工程师。这个职业的从业者人数勉强挤进上百万人的这份窗体，若把此图表最后两项职业去除，仍然有44.12%的工作者，这些职业没有一种是在过去五六十年间创造出的新职业。

表9－2　美国各种职业的就业人数统计（工作者至少百万人的职业），2010年

职业	工作者人数	工作者比例(%)
司机/销售工作者、巴士与卡车司机	3,628,000	2.61%
零售业销售员	3,286,000	2.36%
零售业销售工作者的第一线督导/经理人	3,132,000	2.25%
收银员	3,109,000	2.24%
秘书与行政助理	3,082,000	2.22%
所有其他类别的经理人	2,898,000	2.08%
批发、制造业、不动产业、保险业、广告业的业务代表	2,865,000	2.06%

（续表）

职 业	工作者人数	工作者比例(%)
有照护士	2,843,000	2.04%
中小学教师	2,813,000	2.02%
工友及大楼清洁工	2,186,000	1.57%
服务人员	2,067,000	1.49%
厨师	1,951,000	1.40%
护理之家、精神病院、居家照护人员	1,928,000	1.39%
客服人员	1,896,000	1.36%
劳力工、货运工、仓储与物料搬运工	1,700,000	1.22%
会计师与审计师	1,646,000	1.18%
办公室第一线督导/经理人,行政支持工作者	1,507,000	1.08%
首席高级主管	1,505,000	1.08%
仓储行政人员与订单处理人员	1,456,000	1.05%
女佣及家务清洁人员	1,407,000	1.01%
高中后教育教师	1,300,000	0.93%
簿记、会计与审计办事员	1,297,000	0.93%
接待人员及询问服务员	1,281,000	0.92%
建筑工人	1,267,000	0.91%
托育照顾工作者	1,247,000	0.90%
木工	1,242,000	0.89%
中学教师	1,221,000	0.88%
路面养护工作者	1,195,000	0.86%
财务经理人	1,141,000	0.82%
非零售业销售工作者的第一线督导/经理人	1,131,000	0.81%
建筑经理人	1,083,000	0.78%
律师	1,040,000	0.75%
计算机软件工程师	1,026,000	0.74%
行政及营运经理人	1,007,000	0.72%
上述所有职业的总就业人数	63,383,000	45.58%
其他所有职业的就业人数	75,681,000	54.42%
总就业人数	139,064,000	100.00%

表9－3　营收数百亿美元的美国大企业（2012年资料）

公司(创立年分)	员工人数	平均每位员工的营收额(美元)
麦当劳(1940)	400,000	$60,000
沃尔玛(1962)	2,100,000	$200,000
英特尔(1968)	100,000	$540,000
微软(1975)	90,000	$767,000
谷歌(1998)	32,000	$1,170,000
脸书(2004)	3,000	$1,423,000

事实是，科技业创造出来的新职业，只雇用了很小比例的就业人口，甚至这些工作往往在被创造出来后不久就消失。想想看，信息科技业在1980年创造出来的就业机会，到了今天还有多少仍然存在？如果你是那个年代的程序设计师或系统管理员，你没有继续学习而学会最新发展，现在的你将很难找到工作。一项新技术问世而创造出新职业，在更新的技术问世后便消失的有多少？新技术创造出的新工作需要高水平的教育程度、灵活的变通能力、知识、创业精神，多数人并未受过这样的教育与训练。事实上，我们整个教育制度是在工业革命之后建立的，旨在培育工厂工作者，执行人工操作工作和重复性质的工作，我们的教育制度自那时起，至今并未充分更新以符合时代需求。

我们的经济体系需要新血人才已久，但教育变革流程很缓慢、艰辛，原因之一是教师们本身承自上一代教师的受教方式：标准化的测验、标准化的课程、标准化的考试，这些只会培育出“标准化”的心智。我们的教育制度不鼓励学生质疑教科书或老师，不鼓励他们以团队方式运作、通力协作或寻找不同的解决方法。他们被教导凡事总是只有一种解答，可以在书中找到此解答，但是不能看书，因为那是作弊行为。

其实，无数的问题都有许多解方，有些解方比其他解方好；有时候，问题根本无解；有时候，只能透过跨学门的思考，借由不同专长领域者通力合作，才能找到解方。

所幸已有教育制度改革上路，一些好实验正在进行中（本书第三部有进一步的探讨）。但是，较之于企业，教育制度是更大、行进更缓慢的大象，要调整得花很长的时间。问题是，教育制度的调整，是否够快而跟得上技术进步的速度？我不这样认为。少数人的确将够聪敏而能调适于这种新思维（若你正在阅读此书，意味着你已经在思考这个问题，有望成为这少数人之一），但我担心，多数人口恐将调适不及。

为了一窥趋势，我们来看看一些最大、最成功的公司的情况。表 9－3 依这些公司创立的时间顺序排列，列出它们在 2012 年时的员工人数，以及平均每个员工创造的营收。

我想，各位应该看得出变化趋势。新创立的营收数百亿公司，没有旧时代老员工之类的包袱，可以打从一开始就侧重效率。历史超过二十年的大公司，就像上了年纪的大象，试图行进于很拥挤之地，它们笨重、缓慢，有很多想摆脱但无法摆脱的“累赘”——请原谅我使用这个字眼。

新公司没有这些问题，它们敏捷，能雇用最棒的人才，而且打从一开始就只雇用最棒的人才。它们鼓励，而非排斥自动化，它们运用所有可能的策略来提高生产力（平均每员工营收）。再次检视表 9－3，麦当劳创立于 1940 年，在 2012 年时，平均每位员工创造的营收额是 6 万美元，愈往现在前进，愈晚创立的公司，员工人数愈少，平均每位员工创造的营收额愈高——只有沃尔玛例外，但如同前文所述，这种情形可能很快就会改变。

脸书公司的数据最惊人，在 2012 年时员工只有 3000 人，平均每位员工为公司创造的财富超过 140 万美元。你也许会认为脸书只是昙花一现，一时流行，热潮很快就会退烧，但想想看，在现今的经济中，最有价值的资产之一不是实物、而是信息，有关于我们、我们的习惯、我们的渴望、我们有哪些朋友、我们和谁约会、我们的想法等信息。我们已经变成产品，脸书拥有有史以来最大的个人信息数据库，全球用户人数超过 10 亿，并且持续成长中。

政府、企业及情报单位渴求信息，事实上，有很多人猜测，脸书可能把我们的个人信息卖给这类机构以牟利，尽管该公司否认。不论这类指控的真实性，毋庸置疑的是，脸书公司的实质价值远高于其总营收额，但光是其营收额本身就已经很惊人了，尤其考虑到它才创立没几年，就已经用仅仅数千名员工创造了数十亿美元的年营收。

若新产业只需雇用高教育程度、聪颖、有活力的人才，旧产业又持续朝向自动化，以机器取代更多人力，那么那些教育程度不高，又无门路可开始学习进阶技能的无数人，该怎么办呢？

我注意到，面对这个很简单的疑问，经济学家的反应有两类。第一类反应是根本不去看这个问题，这类经济学家不相信技术取代人力，因此根本不讨论这个问题。第二类反应是主张那些提出这类论点的人，应该少花时间议论自己不懂的东西，把更多的时间用在自己擅长的东西上面。他们说，马丁·福特或我之类的人根本不懂经济学，如果我们是经济学家，就会有更好的了解。也许吧，毕竟我们确实不是经济学家，观点可能有错。但这番批评并不是一种论点，而是一种谬误的循环论证，是自我强化的赘述，无实质含义。如果你认为自己有更好的论点，并且相信这些主张，请提出来启迪我们。我向许多经济学家提过这个疑问，迄今仍在等待经济学家提出一个这样的论点。

经济学家之所以不愿对这个问题做出解释，可能是基于一个事实：他们觉得这是一个基本的经济理论，是我应该在学术殿堂上学习的东西，没必要浪费时间做出解释。不过，每当听到这种反应时，我总是想起爱因斯坦（Albert Einstein）说过的一句话："如果你无法简单说明一件事，就表示你还不够了解。"

多年来，我致力于推广科学教育，以及回驳气候变迁否认者、神创论者和种种谬论的经验，都令我深刻感受到爱因斯坦这句话真是至理名言。若主流经济学家对我的看法，犹如我对"智能设计论"（intelligent design）提倡者的看法，就能轻易驳斥我的论点——智能设计论是相对于进化论的一种假设，认为许多自然现象或生物特征是设计出来的，不是演进形成的。事实上，他们可以用几个简单的例子来驳斥我。经过一年的研究与讨论，至今我仍在等待他们。

在2008年奇点高峰会（Singularity Summit）上，《机器人国度》（*Robotic Nation*）一书作者马歇尔·布雷恩（Marshall Brain）探讨自动化取代工作的议题。他的演讲结束后，另一位演讲者驳斥他："你有没有听过一门名叫历史的学科？一百五十年前，我们就已经听过。你说的东西，没有一个真的发生！"无知的人们很容易听信这种简单批评：过去没有发生的，现在又怎么会发生？

我们即将经历的事情根本史无前例。虽然我们在过去找到方法创造新职业和新产业，但有两个层面我们必须考虑。

首先，人脑的能力有极限。我们的大脑固然甚具可塑性，[①] 只要施以训练，历经时日就能大幅进步，但就像我们的体力一样，不论施以多少训练，都已经被机器的体力大幅超越，人类的心智能力也是一样。相较于人工智能和机器智能的成长速度，生物的进化速度太缓慢了。这最终或许会改变，但前提是我们容许自己和机器结合，由机器来促进、强化我们。不过，我不想在这里探讨这个部分，因为光是技术层面，就得花上一整本书的篇幅，更遑论这涉及了道德议题。现下，我们继续聚焦、保持务实的态度：我们知道技术赋能的物种（智能型机器）已然来临，若不做好准备，将会陷入麻烦。

其次，我们是否考虑过，寻找替代的工作（不论是什么工作），也许是错误的选择。我确信，潜在来说，我们可以在未来创造出数百万个种种无用的工作，只需看看过去五十年的情形就足以确信这点。长久以来，我们把工作的效用（usefulness）和工作的目的（purpose）拆成两部分。工作的目的向来是赚钱改善生活（衣食住行等），伴随着生产力的大幅提升，我们可以在减少工作的情况下，轻易获得这些生活物质。请注意，这不是空论，也不是向往，而是数学。设若你需要 x 量的劳力，才能生产出 y 量的财富，五十年后，你只需要 1/10x 量的劳力就能生产出 y 量的财富，你可以用更少的工作产出和以往相同的量，这是逻辑推论。

当然，工作负荷不会以同比例减轻，因为技术进步促使生活水平提升的同时，也会使我们的期望增加。但基本的生活必需品几乎没有什么改变，我们现在需要的食物、水及住屋量，并不是五十年前的 100 倍，因此我们大可减少一周的工作量。但是相反地，平均而言，我们现在的工作量比以往更多。这是愚昧至极的想法，技术的目的是要让我们腾出更多时间，投入于更高层次的目的，但我们的工作本身已经变成目的。

过去，工作被外包到中国、印度、越南等地，那些地方的人们竞相争取在美国及欧洲被视为苦役的工作，亦即那些月领 200 美元，每天要做 12 个小时，每

① 神经可塑性（neuroplasticity）系指神经系统的生理，容易因为行为、环境、神经处理路径或神经系统以外的身体部位的变化而改变。这发生于种种层次，从学习导致的细胞变化，到因应受伤而发生大脑分区图重组（cortical remapping）的大规模变化。神经可塑性的角色被健康发育、学习、记忆、脑部损伤复健等领域广为认知，近期的研究发现，纵使是成年人的大脑，许多区域仍然具有可塑性。

周要做六到七天的工作。那些地方的人们渴望获得这些工作，他们没有保险、福利、休假，没有工作安全规范，没有抱怨的权利。如果你是那些地方的工作者，要是不喜欢自己的工作，大可不干，有人会乐得取代你。要强调的一点是，我们不能有“逐底竞争”（race to the bottom）的思维，想着以更低的劳力价格，把那些制造业的工作抢回来。这种情境不会发生，也不应该发生。

只要具备高中教育程度，而且够上进、努力，就能使你获得像样的中产阶级的生活形态，那种年代早就过去了。那些工作早已被外包，不会再回来了。尤有甚者，就连那些被外包到海外的工作，现在也面临着自动化与机器人快速发展的威胁。只要有愈多公司基于提高生产力的需要自动化，就会有愈多工作饭碗永久消失。

未来的工作与创新，将是比以往更不熟悉的领域。现在，天天都有新的、令人兴奋的领域浮现，诸如合成生物学、神经计算学、3D 打印、轮廓工法、分子工程学、生物信息学、延寿科学、机器人学、量子计算、人工智能、机器学习等，这些新领域快速进展，而且只不过是即将引领出有史以来最大转变的人类新纪元的开端而已。这个转变将使工业革命的重要性相形见绌，这个新纪元将创造出新机会，创造出现在的我们无法想象与理解的新研究与创新领域，我对此深信不疑。

问题是，我们能跟得上这个快速变化，把数百万未具足够正规教育程度的工作者，教育成适任这些新种类工作的人吗？我认为，答案是一句大声、响亮的“不能”。

现在，美国有数百万年龄超过 40 岁、最多只有高中教育程度（甚至更低程度）的工作者，他们只懂得做劳力工作或容易被自动化的工作，我们的经济体系能够创造出的新就业机会，充其量只能雇用这些人当中的一小部分。这些新工作需要高领悟力和灵活变通的心智，具有和生物、化学、计算机科学与工程等领域相关的尖端学科的深度知识，在这些领域教育一个年轻心智的工作者得花上五到十年的时间，而所谓的“年轻心智”，指的是不仅愿意学习，还对学习体验具有热忱。在数百万失业的中年人当中，有多少人愿意再投资自己，重新出发呢？我们的教育制度能够容纳多少这些人？索取怎样的教育价格？就算这些人绝大多数发自内心想要获得新学习，又有多少人负担得起提升知识与技能所需花费的时间与金钱？多数国家就连教育孩子都做得很勉强、吃力，而且教育成效不佳，很难相信政府能够奇迹似地找到方法，为所有人免费提供大学程度的教育，包括那些已经五十几岁、突然必须重返学校的数百万名新学生。

在技术持续指数成长，自动化趋势兴起，便宜的个人化家中制造愈发普及的发展之下，认为社会能够保持足够的就业机会数目，是相当不切实际的看法。我阅读了好几本书，观看了有关这项议题的数百个辩论与访谈，至今还未听到认为我们能够做到或如何做到这件事的论点。而且，像 IBM 的超级计算机华生之类的惊人技术成就，使得那些顽固不化的怀疑论更显得靠不住。

往昔的工作不会再回来了，新的就业机会将是更高深、在技术与创造力方面更具有高度挑战性的工作，而且这种工作机会不多。问题始终很简单：那现在那些技能不足的工作者该怎么办？到目前为止，没有人能够回答这个问题。我认为，这是因为现阶段找不到答案，在这个体制中找不到，因为这个体制的设计与运作方式无法提供我们答案。

这是我们这个时代最棘手的问题，我认为要解决这个问题，就必须重新思考整个经济与社会结构，重新思考我们的生活、我们的角色、我们的目的、我们的优先级，以及我们的动机。现在，该是典范转移的时候了，我们需要一个彻底改革社会制度的新典范。在新世界，变化恒常，你必须学会爱上变化、拥抱变化，才有望成功。若你未能预期变化，或是排斥变化，就将会被即将冲击人类文明的变化洪流冲走。

此时，你大概会想，这些高深、在技术与创造力方面都具有高度挑战性的工作，会不会最终也被自动化？正如技术的指数成长，合理的答案应该是“会”，当中大多数会被自动化。我们固然将创造出新的研究领域，新工作将应运而生，但这些新工作将会更为困难。在技术的自我创新能力与速度大于我们迎头赶上的能力之下，能够胜任这些新工作的人口比例将会愈来愈小。这是一个狗追着尾巴跑的论题：产业需要的就业总数将历时不断减少，每次我们都将必须改造自己，为刚被自动化取代而失去工作的人们找到新职业。

随着时间流逝，这将变得十分累人，这是一场你赢不了的赛局，不公平，没有出路。你不禁开始思忖，这是唯一的路吗？有没有别解方？本书的下一部，将探讨解决这个至要问题的许多可能选择。我们还不知道哪一个将是正确选择，也许全部都不是，也许必须把它们全部结合起来，没有人知道。

我们确切知道的是，必须使用我们的理智与想象力，努力找到最佳解方。也许我们不会成功，甚至可能在过程中惨败，但我们可以以勇气和力量面对任何阻碍，展望未来，不停前进。我认为，唯有抱持共同目标，我们才可能做到。

最后，我要改述已故美国民权运动领袖马丁·路德·金（Martin Luther King, Jr.）和天体物理学家卡尔·萨根（Carl Sagan）说过的话："我们共处于一个星球，必须学会像个家庭般共存，否则将落得唇亡齿寒。"

第二部

工作与幸福

第 10 章　工作认同

你有没有注意到，当你问某人："嗨，你叫什么名字？做什么的？"时，他们通常会回答："嗨，我是鲍伯，我是会计师"或"我是电机工程师"，或教师、水电工、业务经理或保险经纪人……你不是问对方你从事什么职业？，而是问你做什么的，人们很自然认为这句话就是"你做什么工作维生？"的简略句。当我们被问到我们是谁、是做什么的，立刻就会认为那是在询问我们的职业，我们认为那些询问的含义就是这个。我们做什么就代表我们是谁，我们所做的事多半就是工作。也是，我们还能做什么呢？毕竟，我们生活在一个以工作换取所得、以所得决定生活水平的社会。

从我还小起，我就靠工作来换取我想要的东西。在我年纪还小时，所谓的工作就是帮忙家务，打扫门廊、洗洗碗盘，这些虽然都是小事，但也算是工作。我父母从小就灌输我一个观念：没有东西是不劳而获的。他们固然供应我一些东西，但如果我想要别的，就应该自己负责去"赚取"。这个观念一直伴随着我，直到今天，我仍然认为我父母教导我很重要的一课：我应该重视人们的努力和他们的工作，如果我想要什么，应该卷起自己的衣袖去工作，不抱怨、不请求，自己去赚取。

年纪更长一点时，我开始做比较复杂一点的工作，从工业材料的抛光作业到园艺工作。我很幸运能够运用我很早就对信息科技产生的热爱，为人们修理计算机，管理小公司的网络，为它们架设网站，当时我十五岁。

满 16 岁时，我已经不再依赖父母的财务支持了。我获得亚得里亚海联合世界书院（United World College of the Adriatic）的奖学金，离家就学。自那时起，我就独自生活。对意大利人来说，这点算是满特别的，因为多数意大利人到了三十几岁仍和父母一起生活。现在，我拥有理学学士学位，从奇点大学的NASA研习课程毕业，创立过一家公司，在全国性与国际性企业有多年的工作经验。

我还记得，在我22岁时，我上司指派我代表公司前往海外会见客户的情形。有一天，我上司告诉我："费迪，我需要你去介绍我们的新软件。这是机票和地址，我现在就启程，几天后我们伦敦见。"这个客户是我们公司最大的客户，也是全球最大的跨国企业之一，当时我上司如此信赖我的能力，令我很惊讶，尤其是我还那么年轻。我那时是系统管理师兼IT经理，后来转职到另一家公司，为该公司设立网络与媒体部门，组成一支团队，以两年出头的时间使公司的营收规模成长为原来的三倍，使一家小型影片制作公司变成全方位的网络、媒体与传播公司，能够在国际市场上和事业规模远远更大的公司竞争。

述说这些资历不为炫耀，我的履历其实很不起眼，相较于许多在二十几岁就创立数十亿美元公司的年轻创业家，我着实相形失色。我只是想在继续下文之前，提供一些我的资历背景，因为我不想让读者以为下文的论点，来自一个一生从未工作过，因此不可能了解工作价值的人。

工作伦理，工作的效用

我认为，具有工作伦理很重要，正是这个理由，我认为如今工作变得愈来愈没有意义。人们常说："努力工作，你终将获得回报。"我大致同意这句话，但它并未说出完整的真相。我们重视工作本身，我们认为人应该工作，但我们是否思考过工作的效用（utility）？请自问，你目前从事的工作的价值是什么？这份工作能够帮助他人吗？它能让你感觉更快乐、幸福吗？它有助于改善我们社会的文化、健康、效率、同理心、同情心、创造力和宜居性吗？若我只是为了工作而工作，那么我跟工具没什么两样，犹如一具被操纵的木偶，或是完全遵循指令的机器人。

假设我是一名中年女性，在一座兵工厂工作，制造集束炸弹，这些炸弹不是用来打击恐怖分子或遏阻军队的（这类目的是否正当，不在本文主旨范围内。）

集束炸弹具有极大的杀伤力，任何不幸被炸者非死即残[1]，许多受害人是无辜孩童，在遇害之前可能正在和朋友玩耍，然后因意外引爆炸弹而被炸断腿。虽然我知道这些事，但我仍然继续做这份工作，这是一份好工作吗？这是一份有益的工作吗？你会不会认为我在作恶？如果我告诉你，我有两个小孩要养，最小的那个生病了，但政府未能提供足够协助，我付不起她的医疗费用，到处找工作却只能找到一些部分工时的工作，赚的钱根本不足以支付庞大的医疗费用，只好来这工厂工作。我知道，这是一份可怕的工作，我痛恨它，我痛恨自己做这份工作，但是它的薪资不错，我的孩子可以活命，我别无选择。你还会认为我在作恶吗？

我用了一个极端的例子来说明我的观点，有无数更微妙，但利害更隐伏的例子。比方说，假设我是一名律师，我想接孩童受虐、劳工集体抗争，或是大企业被控污染环境、伤害许多人生命的集体诉讼案件，因为我想帮助人们减轻苦痛，但这些案子的收入不佳，于是我转而为跨国企业工作，成为人们所谓的“专利流氓”（patent troll），骚扰那些想要推出便宜药品的小公司。诸如此类的例子，不胜枚举。

努力工作，只要尽全力，你终将成功，这是十分激励人的工作伦理观点；不幸的是，在多数情况下，这只是一种错觉。

以前的情况不同，现在也能找到一些令人鼓舞的例外，但是这些正面的例子愈来愈少、愈来愈不寻常了。我游历过30多个国家，在旅程中，我常常停下脚步和露宿街头的街友们交谈，听他们的故事，和他们分享食物，有时甚至睡在他们的旁边，无论那是在人行道上或火车站前。无家可归者、乞丐、小偷、醉汉、犯罪者，这些全是体制未能提供他们公平机会的象征，说这些人不够努力，至少可以说是一种侮辱。

我并不是要宽恕犯罪活动或暴力行为，或是提供辩解。我认为，人往往是被

---

① 签署并批准《集束弹药公约》（*The Convention on Cluster Munitions*）的国家禁止使用集束弹药，此公约于2008年5月在爱尔兰都柏林达成，并于2010年8月1日起生效，成为具有约束力的国际法。截至2011年8月，总计有108个国家签署此公约，其中60个国家已经批准。但在全球各地，这类炸弹仍被广泛用于战争及内部冲突上，它们是由未批准此公约的国家制造、供应的，或是透过黑市流通。我也可以使用别的例子，但我想，用这个例子更能清晰表达我所阐述的观点。

环境所逼而走上极端，不承认这点不仅是不诚实，也完全缺乏同理心。若说这些人天生就是懒鬼、小偷，沦落至此是自找的，试问，何以各国的懒鬼和罪犯人数差异这么大？纵使在一个国家内，为何各地区、城镇与街坊小区的懒鬼和罪犯人数也差异甚大？为何每一项深入调查都显示，缺乏取得教育渠道与经济正义，和暴力行为的增加具有正相关性？为何这些负面征象在贫穷国家最明显，也见诸富有，但高度贫富不均的国家？

我的旅行与研究工作，使我有幸认识半个世界（约一百个国家）的人们，接触他们的文化，从他们的故事中学到很多。他们展现的情境和我前述描绘的差不多，场景与摄影或稍有差异，但剧本很相似。

有一次，我在一间餐厅碰到一位黑人向我兜售廉价、无用的东西，借此赚点钱过日子。我向他买了一盒打火机（虽然我不抽烟），顺道请他喝了一杯咖啡，跟他聊聊天。在坐下来之前，他看起来像个没受过什么教育的人，胸无大志。但是坐下来，我用平等的方式对待他之后，有趣的事便发生了。他卸下伪装，几秒钟前难以清楚说上几句话的这个家伙，突然变成能够流利地说三种语言。他告诉我，他是奈及利亚人，非法移民来意大利，他从奈及利亚的大学经济系毕业，但在本国找不到工作。众所周知，奈及利亚是全世界最贪腐的国家之一，就连工友也得贿赂官员才能找到工作。

透过合法渠道入籍意大利的过程极其艰难、昂贵，他在非洲历险几周后来到地中海边，然后搭乘充气艇展开近乎自杀的偷渡航程，船上半数乘客丧命。抵达意大利后，他就开始找工作，但四处碰壁——纵使在欧洲，种族歧视与对陌生人的惧怕心理仍然强烈。最后，他靠着在街头行乞，以及贩卖没人需要的廉价物品，赚取足够的钱养活自己和留在非洲的家人。他很想找份合适的工作，但没人雇用他，因为他没有证件（再加上多数意大利人仍有种族偏见。）然而，除非找到工作，否则他不可能取得合法证件。试问，他能有什么选择？

这个小故事和“工作伦理”的观念有何关联？类似这样的故事绝非个案，而是变得愈来愈稀松平常。有些人的故事比他糟，诉诸组织性犯罪，这是各国的经济制度未能照顾其人民，迫使他们走向这种行为。

出生于贫穷家庭的寻常百姓，情况也好不到哪里去。统计数字证实了这种情境：过去多年，在多数国家，尤其是工业化国家，社会流动性（social mobility）

明显降低。事实上，伦敦政经学院（The London School of Economics and Political Science）和《社会科学与医学》（*Social Science & Medicine*）期刊的调查显示，英国及美国的社会流动性是经济合作暨发展组织会员国当中最低者。不论多么努力，穷者恒穷，富者恒富。

第11章　追求幸福

十七世纪末期，英国哲学家理查德·坎伯兰（Richard Cumberland）倡导：“他人福祉是我们追求自身幸福必不可缺的要素。”约翰·洛克（John Locke）倡导：“至善的智性是审慎、持续地追求纯正稳固的幸福。”这些概念是如此的权威、有力，以至于被纳入《美国独立宣言》中，被一些人视为英语史上最精心雕琢、最具影响力的文句之一。生命、自由与追求幸福，被列为所有人不可剥夺的权利，这些概念超越美国社会。但如果人们没有同等机会行使这些权利的话，这些权利就称不上是权利，它们不再是权利，而是“特权”，而特权可以被出售，与其他任何可被贩卖的东西无异。不过，先别管我怎么想或你怎么想，我们来看看事实。

如前所述，有充分研究显示，社会与经济的不均是结构性问题。也就是说，若你出身贫穷，就算你每天辛苦工作12个小时，你可能一生都还是贫穷；同理，若你出身富有，你可能一生都富有。

诸如这些研究发现，那些出身贫民窟而幸运变成百万富翁、被媒体大书特书的例外，只能被视为一种病态、不当的欺骗，是哄人受骗的童话故事，也是更凸显现状的残酷伎俩——穷人相争残羹剩饭，最富者得以享受丰盛佳肴。

当然，还是有人能够成功摆脱贫穷。若你很聪明，十分善于直接营销，建立了坚强的人脉关系，你可能最终会赚很多钱。但是，平均每出现一个成功的例子，就有另外一千个失败的例子，这个体制的本质就是这样。

我们来看一个例子：新泽西州的肯顿镇（Camden），它是一个人口仅七万出头的小城镇，以人均所得来看，它是全美最贫穷的城市，也是最危险的城市。2008年，肯顿镇的暴力犯罪率为平均每十万人有2333件，远远高于全美平均暴力犯罪率的平均每十万人有455件。当地的实际失业率难以确定，可能30%～

40%；此外，有高达70%的高中生辍学，只有13%的学生通过新泽西州的数学能力鉴定考试。该镇预期在未来几年将大砍预算，近半数的警力将被裁员。记者克里斯·海吉斯（Chris Hedges）如此描绘这个小镇：

"肯顿镇是人类排泄物及后工业时代美国废弃物的丢弃地。四十英亩河滨地上的大片污水处理厂，每天处理肯顿镇5800万吨的污水，污水散发出来的恶臭飘至该市的街道上，久久不散。该镇还有一座排出毒烟的巨大垃圾焚化场，以及一座州立监狱、一座大型水泥厂，还有堆积如山的废金属喂入一座大型碾碎厂。数千栋腐朽弃屋散布在肯顿镇的街道两旁，随处可见无窗的废弃工厂和加油站，杂草丛生的空地上堆满了垃圾和旧轮胎，无人打理的公墓野草蔓生，商店用木板封起。这座小镇贪腐猖獗，二十多年间有三位市长锒铛入狱，五名警员被控栽证、滥捕、提供毒品给妓女以换取信息，其中两人获得保释，另外三人已经认罪。"

在这种环境下，肯顿镇民如何能够追求幸福？他们有何自由可言？他们只有三种自由：变成罪犯的自由，变成罪犯受害人的自由，或是搬离这座小镇的自由。现在，请你想象一下整个地区或整个国家变成肯顿镇的模样，面对这种恶劣的环境，人们无能为力，尤其是在他们没什么知识，没机会获得良好的教育的情况下。于是，他们只能做自己懂的东西，那就是各种形式的部落文化——帮派、卖淫、毒品、轻微犯罪。这是他们的错吗？不完全是。他们被欺诈，被剥夺了尊严，被剥夺了追求幸福的机会，没有人倾听他们微弱的愤怒声，他们的双手沾满失去机会之血。

马丁·路德·金曾说："我们或许该在这个时代忏悔，不仅仅是为恶人们的刻薄言语和暴行忏悔，也为良善者的沉默与漠不关心忏悔，他们只是闲坐着说：'等候时间吧。'"一个时代过去了，我们仍在坐等着。科技可以让我们做出人类史上最大的转变，让七十几亿人都有公平、相同的机会追求幸福，但是我们仍在坐等着，观看《美国偶像》（*American Idol*），[①] 或是在黑色星期五彼此争抢不到一周后就会丢弃的东西。

问题之一是，我们仍然相信一个说法：天道酬勤，只要愿意努力，必定有所

① 《美国偶像》一直是美国电视近史中最多人观看的节目。

回报。一世纪以前，当经济是实物型经济，赛局不是操控在企业掌权者和金融机构之手的年代，或许如此。但现在，这只是错觉面纱、媒体隽语，不过是一种营销工具，呼吁人们相信不可能与达不到的境界。这种妄想之所以继续存在，主要是因为我们不想相信它是妄想，我们拒绝相信自己无法改善境况，因为我们渴望像“他们”一样，想加入他们的“俱乐部”。

事实上，不论何地，不论哪个国家，不论哪种文化，不论哪种宗教，不论使用什么语言的地区，人们打从出生就被灌输这种价值观。我们意识中根深蒂固的普世价值观是追求成功，而这所谓的成功，指的是拥有好的财务和社会地位。若我们成功，必然是因为我们应得的；我们工作得愈卖力，就会变得愈富有。

无疑地，有一群人属于这一类，那就是我们高度尊崇、渴望仿效的那些商业英才、发明家与创新者，这些聪颖之士在设计、技术、商业、艺术、政治或社会领域带来破坏性的变革。可惜的是，也有一群人未能赢得他们的地位，而且人数可能远比你想象的还要多。

如果只要努力就能变得富有，那么早就应该有无数的非洲妇女变成百万富翁了。英国作家乔治·蒙比尔特（George Monbiot）如是说：

“说那最富有1%的人是凭借自己的本领，因为他们具有优异的才智、创造力或干劲，这是自我归因谬论（self - attribution fallacy）的例子，把不该是你居功的成果归功于自己。许多当今的富人之所以富有，是因为他们能够抓住特定工作，但这主要不是归因于才智，而是归因于无情地剥削他人，再加上出身够幸运，因为这类工作大多被出生于特定地区与特定阶级的人囊括了。”

行为经济学大师、诺贝尔经济学奖得主丹尼尔·康纳曼（Daniel Kahneman）发现，超级富有者的表面成功只是一种认知上的错觉，他分析二十五位财富顾问在八年间为非常富有者投资理财的成果，发现他们的绩效完全没有一贯性，他说：“这就像掷骰子比赛一样，靠的不是技巧。”那些获得最高分红的投资顾问纯粹只是幸运，而且这种结果不是什么特例，它们一再重复，显示出华尔街那些获得巨额酬劳的交易员和基金经理人只是幸运罢了，他们的技巧并没有比丢掷铜板的猩猩来得好。康纳曼尝试指出这项事实，却遭到漠视。他写道：“对技巧的错觉，并非只是个人问题，而是深植于我们的文化中。”

问题还不仅于此。心理学家贝琳达·柏德（Belinda Board）和卡塔莉娜·弗利桑（Katarina Fritzon）在《心理学、犯罪与法律》（*Psychology, Crime & Law*）期刊上，发表了她们对三十九位英国一流企业高阶经理人及执行长所做的心理测试。接受同一项心理测试的，还有英国布罗德莫医院（Broadmoor Hospital）的病患，他们都患有严重的精神疾病，犯下重罪后被送到该处监禁与治疗。柏德与弗利桑对这些病患和三十九位高阶主管进行病态人格特征迹象测试，结果令人吃惊：这些高阶主管的得分相同或高于这些已被诊断出有病态人格的病患的得分。换言之，这些病态人格特征和企业寻求的高阶主管特征很相近——善于奉承和操纵有力人士、自我中心、强烈的理所应得感、喜于剥削他人，最明显的是，欠缺同理心与良心，但这些特质非但不会阻碍他们的资历发展，反而有助于他们的升迁与成功。

心理学家保罗·巴比雅克（Paul Babiak）和罗伯特·海尔（Robert Hare）在合著的《穿西装的蛇》（*Snakes in Suits*）中指出，旧的企业组织架构已被日新月异的弹性架构所取代，团队合作者不如好胜冒险者抢眼，有病态人格特质者更容易受到青睐。两人的结论相当阴暗且令人沮丧：若你有病态人格倾向，又出身贫穷家庭，你可能会沦落监狱；若你有病态人格倾向，但出身富有家庭，你可能会读商学院。当然，这不是指所有企业高阶主管还都有精神病，很多高阶主管还是很正派的人。不过，有件事很清楚：在过去几十年，我们的经济体系显然酬庸了不当的技能。

这个世界在过去五十年改变了很多，以前的人们为了改善生活而努力工作，现在不一样了。以前的人会思考自己所做的事，现在的人大多遵从指令——纵使是没道理的指令。现在的经济，大部分是金融交易的“幽灵经济”（ghost economy）、获利最大化的方法与计算机算法，并不在乎影响与后果。我们让极少数人掌权的程度已经到了疯狂的地步，今天147个规模比国家还要大的超级企业构成的蝴蝶结结构，形成掌控全球40%经济的超级经济体。

我们已经变成什么模样了？

第12章　蝎子与青蛙

有一天，一只蝎子在它住的山上环顾，想了想，决定要来个改变。它翻山越岭，爬岩攀藤，来到了河边。

这条河水又宽又急，蝎子停下脚步，思考眼前的情况，找不到渡河之道。它沿着河边上上下下查看，心想，搞不好得打道回府了。

突然间，它看到一只青蛙坐在对岸河边，决定请青蛙帮助它渡河。

蝎子隔河呼唤："嗨，青蛙先生！你能不能好心地背我渡河啊？"

"这个嘛，蝎子先生，我怎么知道要是我帮你的话，你不会想杀了我呢？"青蛙犹豫地问。

"怎么会呢？我要是杀你的话，连我也会一起死。我不会游泳啊！"蝎子回答。

青蛙一听，似乎很有道理，但是它仍然感到不安，于是再问："说不定等我靠近你那边的河岸时，你还是可以杀了我，再回到岸上啊！"

蝎子同意道："话是没错，但是这样一来，我就无法渡河了嘛。"

"嗯……但是我怎么知道，你不会等我们渡了河后再杀我呢？"青蛙说。

"啊……"蝎子低吟了一下，说道："你要是帮我渡了河，我感激都还来不及呢！怎么会用杀了你来报答你呢，那太不公道了，不是吗？"

于是，青蛙同意背蝎子过河。它游到对岸，驻足岸边软泥，搭载这位乘客。蝎子爬上青蛙的背，它的利螯扎进青蛙的表皮，青蛙滑入河里。河水混浊湍急，青蛙奋力浮在水面上，以免蝎子溺水，它用力张蹼划水前进。

过了半个河宽，青蛙突然感到背后一阵刺痛，它从眼角瞥见蝎子把螯抽离自己的背，青蛙的腿开始渐渐麻痹。

青蛙骂道："你这个白痴！这下咱们俩都没命了，你为什么要这么做？"

蝎子耸耸肩，在逐渐沉没的青蛙背上小小挣扎了一番，“我忍不住啊，这是我的天性嘛！”这是蝎子的最后一句话。

心理学课程常用这个故事来解释了解本性难移的重要性。诉诸理智，找理由，做竞争分析，这些往往无济于事，有时事情的本质就是这样，改变不了。我们必须认知资本主义的本质，它是一股无束缚的力量，把金钱、获利，以及最终的经济成长目标摆在优先于生活本身。真实世界的例子太多了，俯拾即是。除非我们采取行动，修正现在的资本主义制度，否则一些不幸的人将在地球冒烟的余烬中呆坐在黄金堆上。

我在上一章的最后提出了这个疑问：“我们已经变成什么模样了?”其实，更好的疑问是：“我们已经让自己被操纵成什么模样了?”我们追求经济成长的典范是基于这样的假说：成长意味着更好的生活，因此人们必须适应。工作，消费，生产，这个循环周而复始。

第13章　成长与幸福

长久以来，我们似乎太过于为了增加物质，牺牲个人的美德和社会价值观……国民生产总值（Gross National Product，GNP）包含了空气污染、香烟广告、在壅塞的公路上努力清出一条前进之路的救护车、住家大门上装的特制锁、监禁闯入住家者的牢狱、被砍伐破坏的红杉林、消失于杂草丛生中的自然景观，国民生产总值也包含汽油弹、核弹头、对抗城市暴动的武装警车、白人的来福枪和史佩克（Richard Speck）的杀人刀，以及为了卖玩具给小孩而美化与宣扬暴力的电视节目。

但国民生产总值并没有为我们的孩子带来健康、教育质量或玩乐的趣味，它不包含诗词之美或婚姻的优点，也不包含公众辩论的智慧或公务员的诚正，更没有计入我们的机智与勇气，或是我们的智慧与学习成效……它计算一切短暂的东西，但并非那些使生命有价值的东西。

——罗伯特·肯尼迪（Robert F. Kennedy），1968年3月18日·于堪萨斯大学（University of Kansas）的演讲

所得决定我们的生活水平，这几乎成为一种定义，但你可曾停下片刻，思考过经济成分到底是不是我们人生中最重要的成分？很少人质疑这点，因为它几乎已是必要条件，只要看看电视新闻、阅读各大报纸、听听政治辩论，这件事显然毋庸置疑。政治人物能否当选，得看他们的竞选文宣能否有效说服人们相信他们的政策将带来更多的就业机会，进而促进经济成长。不知为何，他们把这些和自由与民主扯上关连，新闻媒体也这么跟进。

这只是我的感觉，我从生活在这个社会和接收到的新闻所产生的感觉。看起来好像是这样，但我不喜欢只谈“看起来”的样子，我喜欢事实和有佐证的确

切数据，所幸信息革命使我们能够自行在几秒钟内查询并找到公开的数据纪录——未经过滤与审查的资料。

使用谷歌搜寻透视（Google Insights for Search），可以看出搜寻字词在网络上历年来的热门度变化。我输入搜寻字词“成长”（growth）、“幸福”（happiness）、“GDP”，并在右边字段的筛选器项目分别选择“新闻搜寻”（News Search）、“全球”（Worldwide）与“2008—今（2011 年）”（2008 - present），得出下页图 13 - 1 的结果。当然，这个查询结果只适用于英文网站，主要是美国、印度、新加坡、澳洲、英国和加拿大。从曲线图可以明显看出，搜寻字词“成长”和“GDP”的热门度是“幸福”的十倍左右。你可能会抗议，认为“成长”在不同背景脉络中有不同含义，查询“经济成长”（economic growth）会是较为可靠的比较，这虽然有部分正确（但不公平，因为由两个字词组成，筛选器会过滤掉许多结果），但无助于解释为何“GDP”的热门程度会高于另外两个搜寻字词。难道我们真的认为 GDP 比生活中的幸福重要十倍吗？

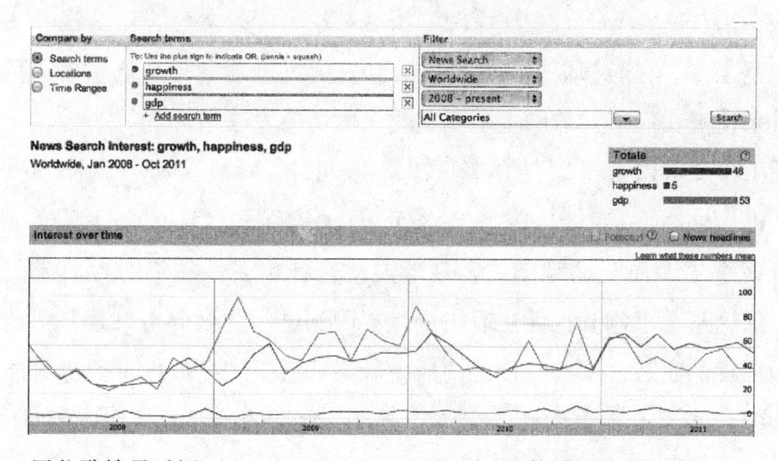

图 13 - 1　用谷歌搜寻透视（Google Insights for Search）比较搜寻字词“成长”（growth）、“幸福”（happiness）、“GDP”在 2008—2011 年间的热门度变化

当然，我们对一件事物的谈论量多寡，并不完全和我们对此事物的重视程度呈正相关；尽管如此，却能让我们看出一个社会的普遍文化趋势，亦即一个社会的“时代思潮”（zeitgeist）。新闻频道高谈阔论许多有关于经济成长的报道，仿佛经济成长就是解决多数人问题的万灵丹，于是我们相信“成长 = 繁荣”这条公式——繁荣自然是件好事啊。不仅如此，成长是近乎所有经济体的基石，而且

我们也用负面语气使用“衰退”（recession）这个字词，描绘经济活动的普遍减缓，包括就业、投资额、产能利用率、家户所得、企业获利、通膨，但破产件数和失业率则是描述为“攀升”。

新闻的“时代思潮”看起来够明显了吧，但文学、书籍和小说等的呢？应该会有所不同，专业作者的作品应该不会和那些鄙俗的新闻报道一样，对吧？2010年，一群研究人员想出一个利用所有可得的人类知识的好点子，他们建构了一个数字化语料库（text corpus），内含人类史上所有曾经印刷过的书籍（约520万册）的4%。他们指出：“分析这个语料库，能让我们以量化方式调查文化趋势。我们调查了大量的‘文化基因组学’（culturomics），聚焦于1800—2000年间以英语反映的语言及文化现象。我们展现出这个方法如何提供各领域的洞见，例如词汇编纂、文法演进、集体记忆、技术的采纳、名气的追求、审查制度和历史流行病学等。文化基因组学把严格的量化研究界限予以扩展，延伸应用于社会科学和人文学科领域的广泛新现象。”

Google Ngram Viewer（或名Google Books Ngram Viewer），就是这种文化基因组学的先驱之一。它能够根据巨量资料，快速、准确地量化文化趋势，我们可用此项工具来检视我们感兴趣的主题在文化中的历时发展情形。

从图13－2可以看出，在1800—2008年间，“幸福”和“成长”呈现负相关，“成长”提高、“幸福”降低。1875年，书籍作者们谈论“成长”的频率，开始多于谈论“幸福”的频率。客观地说，这种相关性并不隐含因果关系，光看著述中谈论某个事物，也无法看出全貌，因为这些数据分析只是显示这些字词在书籍中出现的次数，不提它们的前后文脉络或含义，所以作者们也可能是在谈“失去幸福”，或是其他更微妙的东西。不过，数据的确显示，作者们对“成长”的兴趣增加了，变得没那么关注谈论“幸福”了。

过去五十年，出现了很有趣的变化，且让我们把查询期间改为1940—2008年，把曲线图放大一点，好看得更仔细一些。如图13－3显示，这种相关变得更加明显，我在这个查询中选择比较更明确的“经济成长”，以排除此分析中其他可能的干扰因子。在1950—1995年间，书籍作者们谈论“幸福”的频率下滑，谈论“经济成长”和“GDP”的频率增加。之后则开始出现逆转，书籍中谈论“经济成长”和“GDP”的频率开始微幅下滑，谈论“幸福”的频率则是明显增加。我要再次强调，相关性并不等于因果关系，不过这些数据的确有重要含义。

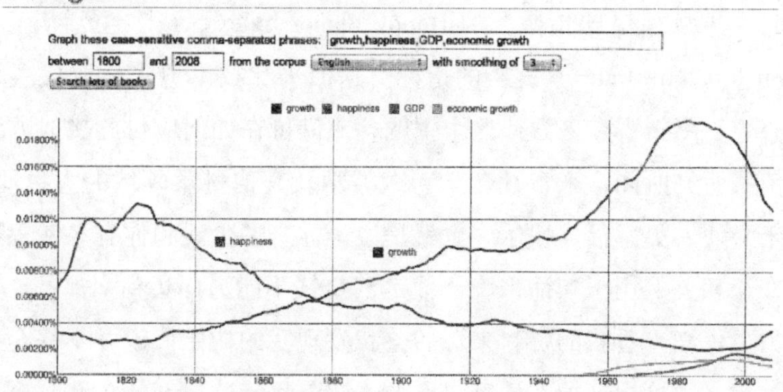

图 13－2　使用 Google Ngram Viewer 搜寻“成长”“幸福”“GDP”和“经济成长”在 1800—2008 年间，书籍中出现的频率变化趋势。

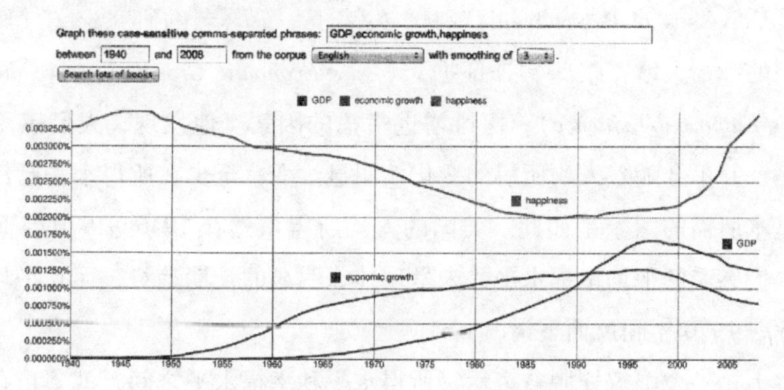

图 13－3　使用 Google Ngram Viewer 搜寻“GDP”“经济成长”和“幸福”在 1940—2008 年间，书籍中出现的频率变化趋势。

超过半个世纪的时间，我们的文化一直在灌输及强化一个观念：追求成长、工作及经济扩张，就算它们不是我们生活中最重要的目标，也应该是重要目标之一。然而，这样的观念已经开始受到质疑，并且渐渐碎裂——你正在阅读的这本书不是没来由的，它就是受到我们正在历经的这种文化改变的影响写就的。从图 13－3 可以看出，自 2000 年起，这种文化改变持续稳定发展中，现在的书籍更常谈论“幸福”，对“GDP”和“经济成长”的兴趣渐渐消退了。

我撰写此书的初始动机，便是认识到社会应该不要再那么关注GDP指标，而应该尝试关注幸福的最大化，使用“国民幸福总值”（Gross National Happiness，GNH）、“幸福星球指数”（Happy Planet Index）或“生活满意度指数”（Satisfaction with Life Index）之类的指标。这似乎和技术愈来愈取代人力的事实很搭，我心想，用新观点来看待这个主题，或许可在如何应付此挑战方面获得一些洞察。依我所见所闻，来自社会学、人类学及其他科学领域的大量研究显示，赚更多钱未必使人更幸福、快乐。也就是说，你有多少钱和你有多幸福这两者之间并不存在正相关，用一句话来说，就是“金钱不能为你买到幸福”。

不过，更仔细查看我的资料来源后，我发现我的初始假说并不完全正确。身为科学家，我必须检视证据，质疑自己的看法。尽管这一开始令我感到不安，深入探索后，我发现有关幸福的研究，是很错综复杂的世界，远比我当初以为的更为复杂。

南加大经济学教授理查德·伊斯特林（Richard Easterlin）在1974年任教宾州大学（University of Pennsylvania）时，发表了一篇著名的研究论文《经济成长能使人们的幸福大增？一些实证证据》（*Does Economic Growth Improve the Human Lot? Some Empirical Evidence*），探讨增进幸福的因素。他发现，人们感受的平均幸福水平，并不会随着人均所得的变化而明显改变，至少在所得水平已经足以满足人们基本所需的国家是如此。美国的人均所得虽然在1946—1970年间稳定成长，但人们感受的平均幸福水平并未呈现什么明显的长期趋势，而且平均幸福水平在1960—1970年间反而下滑。

基本上，一个国家摆脱贫穷后，所得水平和幸福水平之间，就不再存在明显的相关性了。这些研究结论被称为“伊斯特林悖论”（Easterlin Paradox），后续的一项研究再度证实了这些论点，该篇研究报告发表于2010年出版的《美国国家科学院论文集》（*Proceedings of the National Academy of Sciences*），以37国的抽样资料再度确证前述这项悖论。该篇研究报告下了此项结论：

这告诉我们什么呢？若经济成长不是通往更大幸福的主要途径，什么才是？这里提供一个简单但帮不上忙的答案，就是我们需要更多研究。或许，更有帮助的研究是能够指出政策必须更直接聚焦于和健康、家庭生活，以及对物质偏好的形成等有关的个人迫切需求上，而非只是聚焦于物质产品的提升。

为何会存在“伊斯特林悖论”？一个可能的解释是认知行为研究者所谓的“适应”（adaptation）。若你改善了生活水平，你很快就会“适应”这种生活水平，它会变成一种常态，你的期望便会提高，这形成所谓的“快乐跑步机”（hedonic treadmill）。

想象你在跑步机上，希望达到你的最终目标——快乐，它就端坐在你的眼前。你开始走步，跑步机开始动起来，速度和你一样——那是你促使跑步机开始走动的！走着走着，你可能获得些许满足，但在你获得之后，很快就忘了，因为你的最终目标仍然在那儿。于是，你加快步伐，开始跑了起来，但跑步机也跟着跑起来，不论你多卖力尝试，你只是在追逐一个永远达不到的梦想。钱进来得愈多，你的渴望也变得愈大、愈难达成。

另一个可能的解释是“相对论效应”（relativistic effect），也就是美国俚语“向琼斯一家人看齐”（keeping up with the Joneses），总是拿自己的成就跟旁人比。美国讽刺作家亨利·刘易斯·孟肯（H. L. Mencken）有句名言：“富有的男人是一年比连襟多赚100美元的男人”，意思是说不管你多富有，就是得比周遭的人更富有才行。甚至有研究人员对人们进行调查，问他们：有两种境况，第一，你办公室里所有同事的年薪都是65000美元，只有你是70000美元；第二，所有同事的年薪都是80000美元，只有你是75000美元，你会选择哪一种？换言之，研究人员是在问他们：比较重要的是你赚了多少钱，还是你比其他人赚更多钱？调查结果是，多数人宁愿收入较低，只要比周遭人都高就行了。

据说，歌剧明星玛丽亚·卡拉丝（Maria Callas）和英语教授史丹利·费雪（Stanely Fish）都用过这种议价策略。费雪受聘于大学英语系时说：“我不想谈薪水，我心里没有一个特定数字，你们给我的薪水只要比这系上目前最高薪的人多100美元就行了。”瞧，教授很懂得幸福之道呢——真可惜，整个英语系只有一个人能够得到这种幸福。

结论是，因为我们快速适应新环境，幸福就变成一种相对的东西。伊斯特林证实，金钱未必使人变得更幸福。所以，有结论了，这个话题就可以画下句点了？不，还早呢。

美国连环杀人犯，在1966年凌虐、强暴、杀害八名芝加哥护士学校的学生。

第14章　所得与幸福

经济学家贝齐·史蒂文森（Betsey Stevenson）、贾斯汀·沃佛斯（Justin Wolfers）及安格斯·迪顿（Angus Deaton）等人，近年使用盖洛普世界民意调查（Gallup World Poll）取得的新资料，进行有关所得与幸福关系的研究，获得了一致的结论：在各国，金钱的确能够使人们变得更幸福。

为何会这样？这个结论正好和“伊斯特林悖论”相反，不是吗？两种都是在控制其他变量下进行的科学研究，而且都是来自颇具声望的学者，研究方法与数据可供检验，为何会得出截然相反的结论？这个问题在学界引发激辩，迄今尚未得出共识。

当我热切钻研“幸福”这个主题时，偶然看到了卡萝·葛拉罕（Carol Graham）的研究。葛拉罕在《这个世界幸福吗?》（*Happiness around the World*）与《幸福经济学》（*The Pursuit of Happiness*）这两本书中，对幸福这个主题的研究有透彻分析和精辟洞察。她指出，一切取决于你询问的问题，“幸福”是一个广义词，描绘了种种感觉，而非单一一种心情。

伊斯特林的研究询问受访者一个开放式问题：“大致而言，你对自己的生活感到幸福吗?”盖洛普世界民意调查使用“坎特里尔生活阶梯量表”（Cantril's Ladder of Life Scale）的问题来询问受访者：“请想象一个十阶阶梯，最低阶是0分，最高阶是10分，最高阶代表对你而言最好的生活，最低阶代表对你而言最差的生活。你觉得，自己目前站在哪一阶，请用分数来表示?”你可以看出，这两个是非常不同的问题，形成大不相同的文脉，因此具有不同含义。

伊斯特林的研究评量的是“情绪幸福感”（Emotional Well-Being），亦即个人每天的情绪感受，也就是那些使人觉得生活如意或不如意的快乐、压力、悲哀、愤怒、伤心等感觉的频率和强度。盖洛普研究评量的是“整体生活评估”（Life

Evaluation）或“满意度”（Satisfaction），衡量人们对自身生活境况的看法。两种研究可能得出不同结果，但是都正确。由于它们评量的是不同种类的幸福，这两种结果并不存在相互抵触的问题。

这似乎已经厘清不同研究得出不同结论的症结了，解决结论相悖的问题，对吧？还没有，因为还要考虑“适应”现象。如前章所述，伴随生活水平的提高，我们的期望也会提高。葛拉罕与另一位经济学家艾都瓦多·洛拉（Eduardo Lora），把人们适应较低生活水平的现象称为“无幸福成长的矛盾”（paradox of unhappy growth）。他们观察到，在考虑人均GNP后，平均而言，经济成长率较高国家的受访者的幸福感低于经济成长率较低国家的受访者。原因之一是，伴随经济成长而来的，往往是不稳定性的提高和不均情形的恶化，这些会使人们变得很不快乐。此外，相较于适应不确定性，我们较能适应令人不愉快的确定性。葛拉罕写道：

“虽然幸福的决定因素形态在世界各地明显稳定、一致，但也不能忽视人们对繁荣与困境的优异适应力。因此，阿富汗人和拉丁美洲人一样幸福（他们的幸福感高于世界平均值），肯亚人对他们的医疗保健水平的满意度和美国人相当。尽管犯罪令人们忧愁与不满，但是犯罪案件多了，人们也渐渐适应，犯罪率对人们幸福感的影响程度便降低；贪腐也是一样。若周遭人都肥胖的话，身居其中的肥胖者比较不会那么忧郁。自由与民主令人们觉得幸福，但若身处的环境较少见到自由与民主的现象，那么这两项因素对幸福感的影响程度也就没有那么高了。结论是，人们能够适应严重困境而仍然保有他们天生的乐观，但人们也可能在几乎拥有一切（包括良好的健康）后，仍然感到自己不幸。”

幸福这件事，好像开始变得很复杂了。

这些研究都是在探索经济因素在不同国家对人民幸福感的影响力，但是在同一个国家的人们呢？所得或经济成长和幸福感也存在关联性吗？是怎样的关联性呢？明显吗？

在2010年出版的《美国国家科学院论文集》中，诺贝尔经济学奖得主丹尼尔·康纳曼及其普林斯顿大学（Princeton University）的同事安格斯·迪顿，发表了一份共同研究报告回答了这个问题。保健服务业者海德威公司（Healthways）和盖洛普，自2008年起展开为期25年的合作，对美国居民的幸福感进行长期广泛的调查，制作出“盖洛普——海德威幸福指数”（Gallup-Healthways Well-Being Index）。他们每天对至少500位年龄在18岁以上的美国居民进行访查，迄今受访者已经超过200万人。康纳曼和迪顿分析这项调查当时已经完成的45万名受访者，两人得出的结论是，这些人的生活满意度稳定地随着所得提高而上升（受访者用1~10分对自己的各项生活状态做出评分。）也就是说，这项研究显示，在一个国家内，所得水平的确和生活满意度呈现正相关。不过，这其中有个必须注意的地方：生活满意度并非随着所得水平的提高而成同比例上升，它们之间呈现对数型正相关。

前文探讨过的指数成长，在此可以派上用场。举例而言，你一年的所得是3万美元，假若你的年所得增加3万美元，将使你在生活满意度阶梯上大幅跃升。但是，等你站上更高的阶梯后，所得必须指数成长，才能使你的生活满意度曲线有所移动。因此，对一个年所得1亿美元的人来说，多赚个一两百万美元是不痛不痒，但是多赚个10亿美元，他的生活满意度曲线就会动了。

另一方面，在所得达到一定水平后，这些受访者的“日常情绪感受值”（Quality of Emotional Daily Experiences），例如快乐、压力、悲哀、愤怒、伤心等感受，将趋于平缓，不再随着所得提高而明显波动。年所得超过75000美元后，所得的再增加，并不会使人们的情绪幸福感提高，也不会使他们感受更强烈的不快乐或压力。但是，低于此所得水平（年所得75000美元），所得愈低的受访者，快乐感愈低，悲哀和压力感愈高。这意味所得愈低，生活中的不幸（包括疾病、离婚、孤独等）所带来的痛苦感愈强烈。

结论是，金钱可以为你买到生活满意度，但无法为你买到情绪幸福感。没钱，可能导致既不满意生活，也感觉不幸福。

那么，这些讨论将把我们带到哪里？各位应该看得出来，关于幸福这件事，真的比想象中的还要复杂，现在还不能骤下结论，还有一些东西要探索。

第 15 章　幸福

“金钱不能为你买到幸福，但它还是有用处。”①

“我希望人人都能变得富有、出名，获得梦想许久的一切，这样他们就会知道，那并不是解答。”②

幸福是很神秘的东西，它难以捉摸的程度，高深犹如我们渴望获得它的程度。数千年来，人类尝试追求幸福。有人似乎透过深层冥想，找到了它；有人透过摆脱所有物欲，找到了它；也有人反其道而行，累积了亿万又亿万的财富，最终发现，设立非营利组织及教育或慈善基金会来助人才是最大乐事；有些人则是在每天的简单片刻中找到快乐。一些哲学家和心理学家说，人类天生无法维持长久的幸福感。多年来，社会学家、人类学家和经济学家试图找出使人们感觉幸福快乐的因素，直到不久前，我们有许多关于这个主题的诗词与艺术，但是相关数据很少。我们依赖常识、哲理洞察、个人经验、顿悟，但我们无从确知这些观点是否反映事实。

有关幸福、生活满意度、福祉、美好人生、希腊语中的“有德行与目的的人生”（eudaimonia），这些全都相互关联，但彼此很不相同。我们到底对“幸福”知道多少呢？我们知道的不多，但我们知道一些放诸四海皆准的科学事实。

首先，我们知道，人类的天性并非只是追求自己的最大幸福。我们生活在小团体里，和更小圈的朋友建立密切关系。我们试图传续我们的基因，会主动逃避侵略者，害怕未知。我们可能天性追求快乐与立即满足，但幸福不只是这些，它是远远更为复杂的东西；从进化的角度来说，幸福其实是一种尚未达到的境界。

---

① 引述改写自英国戏剧演员暨作家史帕克·米利根（Spike Milligan）的名言：“金钱不能为你买到幸福，但能带给你较愉快的不幸”，这句话还有其他许多变化版本的改写。

② 这句话应该是出自好莱坞知名演员金·凯瑞（Jim Carrey）所言。

其次，我们知道，一些决定我们幸福与否的因素跟基因有关。虽然我们不知道这些因素影响幸福感的程度，但我们确定它们具有影响作用。行为经济学家詹艾曼纽·德内伟（Jan – Emmanuel De Neve）等人近期做的一项研究结果显示，人的幸福感差异性可能有高达 1/3 的程度是受到遗传基因影响。[①] 你可能会对此嗤之以鼻，认为这是基因决定论，或是质疑它的正确性。也许，基因影响我们幸福感的程度不是1/3，而是更低或更高。坦白说，我并不认为这很重要，至少就目前来说并不重要，但说不定十五年后会变得很重要。[②] 我们不妨换个角度来看这件事：你的幸福感大部分并“不是”由基因决定的，所以有很大的进步空间！更何况，关于基因，最重要的是它们的表现，它们的表现有部分受到外来作用影响。生理条件或许左右了我们“基本水平的幸福感”，社会学家称此为“设定点”（set point），但是外在因素、我们的行为与反应等，显然也扮演了重要的角色。

觉得幸福、感到快乐，拥有幸福的回忆或幸福的体验等，这些都是不同的心理状态，不能一概而论。了解这个事实，是探索幸福这个议题的重要关键。经济学家有时使用“生活质量”（Quality of Life）一词，这个名词宽松定义人们在生活中的概括幸福程度，亦即你有多幸福。但是，“生活质量”也不能确切代表一个人的幸福程度，它是一个指针、一个数据，无法充分描绘你和你的生活；它是一个统计数字，而人并不是统计数字。

---

① 对同卵双胞胎和异卵双胞胎进行比较的科学研究已经确证，许多面向的行为是遗传而来的。最近的研究显示，人的幸福感差异性可能有高达 1/3 的程度是受到遗传基因影响。学者詹艾曼纽·德内伟把研究向前推进了一步，他主持的这项研究，针对普遍被认为可能具有影响作用的血清素转运体基因进行检视，了解这种 5-HTT 基因结构的差异如何影响快乐感的程度。

血清素转运体基因有长、短两种不同结构，人类的对偶基因一个来自父亲、一个来自母亲。德内伟使用美国全国青少年健康长期研究（National Longitudinal Study of Adolescent Health）2500 名参与者的基因数据进行检视分析后发现，对偶基因中至少有一长结构者（亦即结构为两长或一长一短者），表示对生活感到很满意的可能性，比对偶基因中皆为短结构者高出 8%；而对偶基因为两长结构者，表示对生活感到很满意的可能性则高出 17%。

有趣的是，种族之间存在着明显的差异性。此研究样本中的亚裔美国人平均有 0.69 个长结构基因，美国白人有 1.12 个，美国黑人有 1.47 个。德内伟在研究报告中写道：“学界长久以来怀疑这种基因对心理健康具有影响作用，这是首度有研究发现，这种基因会影响个人的幸福感。这项研究发现有助于解释为何我们每个人的基本水平幸福感与他人不同，以及为何有些人天性就是比较容易感到快乐。在这方面，个人基因的影响作用不小。”

② 基因工程、个人化医疗，这些全都是引人入胜的讨论领域，无疑将在几年后成为关注焦点。

幸福是一件很主观的事，令你感觉幸福的事物，未必会令我感觉幸福，甚至可能在几年后，这些事物也不再令你感觉幸福了。我们是不断进化、改变的生物，我们的心智持续不断地接收来自外在环境与变化的讯息。

幸福是如此地无法预料、易变、高主观性，它其实是很严肃的一个议题。

经验模拟

我们来做个小实验。我为你的生活提供两种可能的情境，第一种情境是你中了乐透彩，赢得 3 亿美元的彩金；第二种情境是你发生严重的意外事故，从颈部以下瘫痪了。试问：相较于你目前的情况，哪一种情境会令你感到更幸福，哪一种情境令你感到更不幸？

我很确定，你一定会选择中乐透彩。有了这笔钱，你可以开始过崭新的生活。你可能欣喜若狂，展开种种精彩的活动。很不幸地，情况恐怕不如你想象的那么美好，很可能一年后，你就不会像现在这么快乐，你的生活也可能不会有什么显著的改变。事实上，大多数中乐透彩的人反而变得相当不幸，他们失去多数朋友，家庭破碎，自己的生活也搞得一团乱。反观那瘫痪者最终将接受自己的新境况，学习过瘫痪的生活，这就是“适应”。纵使是动弹不得的病患——完全瘫痪、最多只能动动眼皮（所以仍能与人沟通），幸福感也可能无异于他人。这怎么可能？

哈佛大学心理学教授丹尼尔·吉尔伯特（Daniel Gilbert）在 2006 年出版的畅销书《快乐为什么不幸福？》（*Stumbling on Happiness*）中，解释了这点及其他更多现象。吉尔伯特指出，我们在评估自己的长期幸福感时，往往明显高估了重大事件的影响程度。从实地调查到实验室研究都发现，赢了或输了挑战、获得或失去恋人、获得或没获得升迁、通过或没通过大学考试，这些事件的影响程度及影响时间远比人们预期的还要小。事实上，近期一项研究调查重大心理创伤事件对人们的影响程度，结果显示，若事件发生已过三个月，除了少数例外，通常已经不会再对你的幸福感有什么明显影响。这是因为我们大脑中司掌仿真未来事件等功能的前额叶皮质区（prefrontal cortex），是很糟糕的经验仿真系统。

心理学家艾德·迪安纳（Ed Diener）的研究发现，你的正向经验的频率对你的幸福感的影响程度，远大于你的正向经验的强度。因此，建立或经历许多微小的幸福时刻，效益远大于少数零散的偶发重大事件。

但是，赢了或输了挑战、获得或失去恋人、获得或没获得升迁、通过或没通过大学考试，这些事件的影响程度及影响时间，怎么会远比我们预期的还要小呢？原因之一是，我们能够合成快乐；我们以为快乐是必须去寻找的东西，其实快乐是我们创造的。

这个研究在心理学界很著名，称为“自由选择模式”（free choice paradigm）。这个研究实验其实很简单，你带来一些对象，比如说印刷一些莫内画，请实验对象排序他们对这些画作的喜爱程度，从最喜爱到最不喜爱。接着，你告诉实验对象：“我们柜子里有一些多出来的画，我们打算送你一张，让你当作奖品带回家。我们刚好有三号和四号。”这是有点困难的选择，因为实验对象对这两张画的喜爱程度并无太大的差异，但人们自然倾向选择三号，因为根据先前的排序，他们喜爱三号的程度比四号高一点。

过了一些时候，可能是15分钟后，可能是15天后，把同一组对象再摆放在实验对象的面前，让他们再对这些对象排序喜爱程度，请对方：“告诉我们，你现在对它们的喜爱程度。”猜猜看，会发生什么事？顺道一提，这不是单一实验，类似的实验进行过很多了。相同结果一再出现，让我们一再看到合成的快乐。几乎所有实验对象都会在此时把他们选择的那幅奖品画作排序得更高，把他们没选择的那幅画作排序得较低，意思就是：“我获得的那幅画真的比我原本想象的还要好！我没选的那一幅真的很烂！”这就是合成的快乐。

为了证明这不是妄想、不是撒谎，也不是研究错误，研究人员对一群有事后记忆障碍症（anterograde amnesia）的病患进行相同实验。这些住院病患有科尔萨科夫氏症候群（Korsakoff's syndrome），那是一种多发性神经炎精神病，致使他们无法制造新的记忆。他们记得自己的童年，但假若你走进来，向他们自我介绍，然后离开房间，当你再进来时，他们不知道（不记得）你是谁。

研究人员把印刷的莫内画带到医院，请这些病患排序他们对这些画作的喜爱程度，从最喜爱到最不喜爱，和先前的实验一样。接着，研究人员同样让他们在三号画作及四号画作中选择一幅当作奖品。他们和其他人一样，开心地说：“哇，谢谢医生。太棒了！我得到一幅新画作。我要选三号。”研究人员告诉他们会把三号画作邮寄给他们，然后整理东西就离开房间了。过了半个小时，他们返回房间，向病患打招呼："嗨，我们回来了。"但病患说："啊，医生，对不起，我有记忆问题，所以我才会住在这里。如果我之前见过你，抱歉，我不记得了。"研究人员说："真的吗？吉姆，你不记得了？我刚才带印刷的莫内画来过这里啊。"病患说："对不起，医生。我真的没印象。"研究人员说："没关系，吉姆，我只是想请你把这些画，从你最喜爱的排序到你最不喜爱的。"

接下来，他们怎么做呢？嗯，他们还是得先测试一下，确定病患真的有失忆症。他们请病患指出哪一张画是他们之前选择而拥有的，研究人员发现，这些失忆症病患纯粹用猜测方式指认。倘若研究人员让没有失忆症的你进行这样的指认，你知道自己先前选择的是哪一幅画作，所以你可以当作这个实验的正常对照组。研究人员让失忆症病患进行这样的指认，他们根本就不记得了，无法指认，只能纯粹猜测。

在半个小时后的第二次排序中，正常对照组会怎么做呢？先前的实验已经显示，没有失忆症的人会把他们选择作为奖品的那一张排序得更高，也就是说，他们会合成快乐。那这些失忆症患者呢？他们同样也会合成快乐。他们虽然纯粹猜测指认出自己选择而拥有的那幅画，但接下来，让他们再排序一次时，他们同样也会把那幅画作的排序提高。"我拥有的这幅画，比我想象的还要好；我放弃的那幅画，不如我想象的那么好。"这些人变得更喜爱他们指认自己拥有的那幅画，但实际上，他们根本不知道自己是否真的拥有那幅画。这个实验结果值得好好思考，因为这些病患在合成快乐时，其实是在改变自己对那幅画作的感情、快乐与审美反应。他们这么说并不是因为他们拥有那幅画，因为他们根本就不知道自己是否拥有它①。

吉尔伯特教授如此描述他的观察：

我们窃笑，因为我们认为合成的快乐，其性质不同于自然的快乐……自然的快乐是当我们得到自己想要的东西时感受到的那种快乐，而合成的快乐是当我们并未得到自己想要的东西时制造出来的快乐。在现今这个社会中，我们强烈相信合成的快乐是比较次等的快乐，为什么呢？理由很简单。如果我们相信就算得不到自己想要的东西仍然能够感到快乐，就像得到那些东西时感受到的快乐，试

① 这个例子取自吉尔伯特教授2004年的TED全球演讲内容。

问，经济引擎还会继续不断地运转吗？

的确，企业借以销售更多产品的营销工具，依靠的是身为消费者的我们无法正确预测什么能使我们感到快乐、幸福，于是我们继续为那炫耀性消费机器添加燃料，哄骗自己：这能够减轻不安感，立即的满足可以带来幸福。虽然我们明知道那并不管用，但还是继续犯同样的错，而且一犯再犯。

不过，当然还是有希望。如果我们能够清楚意识到这场骗局，就能帮助自己避开这类陷阱，将生活方向改为朝往更有益、更真实的幸福前去——富有同理心、懂得合作，在发现新事物时会感到兴奋，而且充满干劲想做一些有意义的事情。

第 16 章 工作与幸福

我觉得我在“幸福”这个主题上探索太多了，但是在此同时，我又发现我连皮毛都还未搔着呢。如果要分析得更透彻，我得写上一系列的书，但纵使我写了一系列的书，恐怕也仍然无法涵盖全貌。我先前提过，我决定这本书要聚焦于幸福和所得的关联性，更重要的是幸福和就业的关联性，毕竟就业是本书的主题。

我们在前文中看到，研究显示所得和幸福感有关（尽管其中关联性相当复杂且多面向），但我们还不清楚它们之间是否存在因果关系，以及如果存在因果关系的话，孰因孰果？我们知道，比较快乐的人通常比一般人更富有；我们也知道，快乐的人较懂得放松、较为和善、做事较有成效，因此通常较为成功。那么，到底何因何果？因果倒置和选择性偏误（selection bias）可是严重的问题。孤独、不快乐的人在寻找工作时往往被剔除，他们更有可能失业，并且持续失业。

这里还要提出另一项疑问：如果人们不必工作，仍然拥有相同所得，他们还会一样快乐吗？也许，重要的不是工作本身，而是工作所开启的门径（access）——通往一栋好房子、医疗福利、和家人一起度假、和朋友一起看电影等的门径。如果不必工作也能够取得这些，他们还会一样快乐吗？

答案是大声、响亮的“不能”！这大概出乎你的意料，对吧？你可能以为我会说，要是能让人们有足够的钱，或是提供他们取得各种所需的门径，大家就不必担心芝麻绿豆之事，就能专注在人生真正重要的事，这会使他们更快乐。但事实上，光是给人们钱还不够。如何知道这点呢？因为我们知道，在其他变量固定的情况下，那些领取全额失业给付者比那些有工作者更不快乐。所以，有没有工作，真的有差别。

失业对我们的幸福感影响很大，所以这件事值得再深入讨论一下。许多研究发现，在许多国家和许多时期，亲身经历失业令人感觉非常不快乐。安德鲁·克拉克（Andrew E. Clark）和安德鲁·奥斯华（Andrew J. Oswald）在1994年发表的开创性研究报告中，如此总结了他们研究社会后得出的发现："失业对幸福感的打击更甚于其他任何事件，包括离婚及分居都比不上。"天啊！比离婚和分居的打击还要大？工作真的对幸福感影响这么大吗？显然是。

前面段落提过，我们担心在分析所得与幸福的因果关系时，可能会因为选择性偏误而将因果倒置。这种问题会不会也发生在失业与快乐的因果关系上呢？究竟，是失业导致不快乐？还是不快乐导致失业？许多研究使用搜集自工作者失业前与失业后的长期资料，发现有明显证据显示，不快乐的人的确在劳动市场上的表现较差，但主要的因果关系显然是失业导致不快乐。社会心理学的研究也得出相似的结论。

在此要先暂停一下，检视我们到目前为止的发现。幸福真的是十分复杂的东西，但我们开始理出一些头绪了。比起二十年前，我们现在对它拥有更多的了解。我们知道，基因、个人因素（稳定的伴侣关系、家庭、身心健康、良好的教育水平等），以及社会因素（民主参与和社群感等），都会影响幸福；我们知道，我们非常不善于预测未来的幸福程度；往往会高估重大事件对长期幸福感的影响程度；我们知道，心智会扭曲我们的经验记忆，使我们很容易受到愚弄；我们知道，我们对绝大多数境况与事物的适应力很强，除了一些例外（例如噪音或整形手术等）①；我们知道，我们很难走下"快乐跑步机"；我们知道，幸福是一种相对的东西，因为我们往往拿自己和旁人比较；我们知道，所得水平会影响我们对生活的满意度（对数型正向相关性），不过只有在一定的所得水平（约75000美元）以下，所得才会影响我们的情绪幸福感。最重要的是，我们知道，拥有工作

① 关于适应力，有一些很有趣的例外，例如我们无法习惯噪音。很多研究显示，如果你身处的环境很嘈杂，例如附近有建筑工程正在进行，你无法适应而习惯它的嘈杂声，你的幸福感将降低，无法回复，你的身心无法习惯持续性的噪音。我们能够适应好事，例如中彩票、赢得奖项、在某堂课获得A的成绩，我们会适应而变得习惯。但也有一些令人意外的例外，其中一个是隆乳和缩乳之类的整形手术。研究发现，整形手术使人更快乐，而且这种更快乐的感觉会一直持续着，不会因为渐渐适应而使快乐感消退。之所以会有这种现象，理由之一是我们的外貌很重要，他人如何看待我们，以及我们如何看待自己，这件事很重要。所以，如果你的相貌变得更佳，你会变得更快乐，而且这种更快乐的感觉会一直持续着。

对我们的幸福感十分重要，失业会严重打击我们的幸福感。

如果工作这么重要，而我们又即将经历大规模的失业，那表示我们即将面临一些很严重的问题。失业导致沮丧、消沉、焦虑、丧失自尊心和个人掌控感，无数的研究已经证实，失业者的身心健康比就业者的差。仿佛这些打击还不够重的一样，研究也显示，失业者摄取大量酒精的倾向也明显较高，不但人际关系变得更紧张、死亡率较高，自杀的倾向也较高。用一个统计数字来看，也许会更清楚问题的潜在严重性：在 1972—1991 年间，美国的失业率每上升 1%，自杀率约上升 1.3%。请试着想象，25% ~30% 的失业率，将会导致怎样的局面，看来十分不妙，对吧？

眼下来看，我们似乎没有出路。一方面，我们知道，获利导向的市场机制需要提高生产力，而自动化可以促成这件事。我们在前文中已经看过这种发展的可能面貌：技术持续呈指数成长，但我们的文化调适不是指数成长，结果难以计数的人可能很快便失去工作，只有少数人能够跟上步伐学会新技能，找到别的工作。另一方面，我们知道，即使我们找到方法供养失业者，他们仍将过着相当痛苦的生活。

那么，我们该怎么办？设法帮他们找到无意义的工作，让他们误以为自己是有贡献的人——即使他们做的事一点都不具生产力？或者，我们应该立法禁止自动化，以防经济体系崩溃？但是，别忘了，这种解决方案只能用于公共部门，因为企业无国界，在效率欠佳的情况下营运，将使它们在全球市场上支撑不了多久。所以，政府——其中大多数都已经破产了——应该设法花大钱雇用大批冗员，以防消沉、自杀及其他伴随效应的扩大。

在我继续这些荒唐的想象之前，我们或许应该要问：为什么？为什么失业会带来如此严重的后果？为什么人们得工作才会感觉到幸福？为何工作如此重要？

社会规范高度影响了人们的主观幸福感，而这种影响对失业者尤其明显。若就业是一种社会规范，那些没有工作的人，就会觉得自己与社会格格不入、感到丢脸，持续被自卑感折磨——我们应该都知道这有多折磨人，因为我们总爱拿自己的成就跟别人比。

有趣的是，还有另一个令人意想不到的后果：许多研究发现，如果周围有大量失业的人，失业者的不幸与难堪感就会减轻。这实在有点吊诡，高失业率将严重损害到人们的幸福感，但失业率够高的话，反而不会再加剧幸福感的下滑。尽管可能如此，在骤下结论认为我们无须过分忧心未来之前，我们仍应该先考虑在失业率高到产生这种吊诡现象之前，人们将会承受的痛苦。在那样的过渡阶段，社会将变成什么模样？别忘了，在发生下述情形时，失业者的幸福感才可能增加：

1. 失业者适应了自己的新境况，降低自身标准、期望与梦想时。

2. 当这种情况已经变成一种常态时，社会的普遍文化也会改变，人们失去人生的目的感，比起独自感觉不快乐、悲惨，众人一起的不幸福感会随之稍微减轻。

我不知道你怎么想，但我个人不想生活在这样的社会。一想到这可能很快就会变成我们人类的命运，我就不禁打颤。我们必须另谋出路。

心流

“选择一份你热爱的工作，这样你的人生就没有一天需要工作。”

“心流”（flow）是心理学家米海·齐克森米海伊（Mihály Csíkszentmihályi）提出的概念，指的是一个人完全专注、全然投入、沉浸在一项活动中，并因而成功的心理状态。这是一种全神贯注的投入，堪称在做事与学习中充分投入心绪的极致状态。在心流中，情绪不只是被驾驭与疏导，而是积极、聚精会神地融入手边工作。

在心流中，“被动的我”消失了，取而代之的是“主动的我”。在早期的心流研究中，一位攀岩者如此描绘：“你极度投入于你正在做的事，以至于你完全和这项活动融为一体，不再是一个参与其中的旁观者，而是纯粹的参与者。你是这个一体的一部分，流畅地随着这个一体而动。”心流是一种发自内心的状态，人们说，在这种状态下，他们完全投入于某件事当中，以至于忘记时间、疲惫及一切的境界，只是一心一意地专注在这件事情上面。这种境界就像是我们阅读一本精彩的小说、打一场精彩的壁球，或是参与一场精彩谈话时的浑然忘我。已故美国桂冠诗人马克·史特兰德（Mark Strand）如此描绘写作时的这种心流状态：

“你完全投入于工作中，忘记时间，完全着迷，完全陷入你正在做的事情当中……当你在做某件事，而且做得很好时，你会觉得无可言喻。”

社会规范、适应、所得、跟别人比，这些都无法充分解释为何工作使我们对生活更觉满意。我们之所以知道这点，是因为有研究显示自雇者比较快乐，尽管他们的工作时数可能更长或赚的钱比较少。将全副身心投入于非营利世界的志工也是，这些人不仅从事自己喜欢的事，也在帮助他人的过程中获得更大的满足感。

再分享一项有趣的观察，检视个人每年的工作时数和平均生活满意度。如图16－1所示，平均工作时数较少的国家的人民幸福感，高于平均工作时数较多的国家人民。以丹麦为例，它在所有民意调查中，都是人民幸福感最高的国家之一；在这项调查统计中，“生活舒适”的居民占总人口比例高达82%，但他们平均每年只工作1559小时，比OECD国家（经济合作与发展组织成员国）平均数少200个小时——生活舒适度的衡量项目包括：获得充分休息的程度、受到尊重、不觉痛苦、能够运用智力。

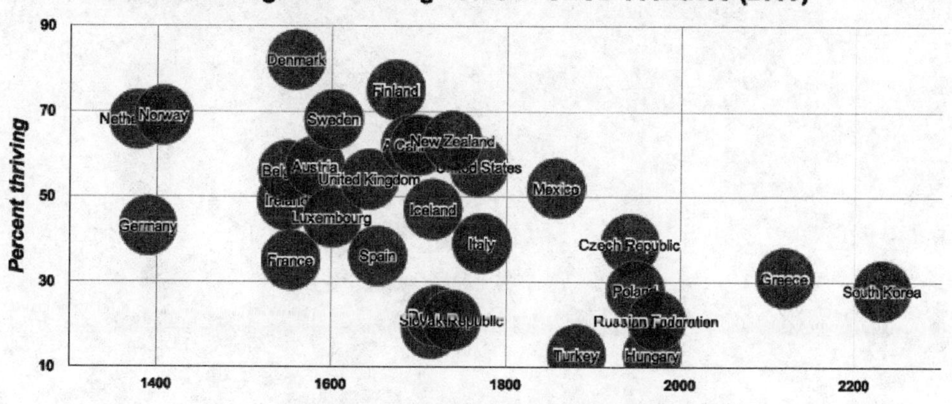

图16－1 OECD国家人民的工作时数与整体生活评估（2009年）。横轴代表工作者每年的平均实际工作时数，纵轴代表生活舒适的居民比例。幸福资料取自盖洛普2005—2009年的世界民意调查，工作时数数据取自OECD官方数据库。

相较之下，韩国工作者平均每年工作2232小时，比OECD国家平均数高出473个小时，但生活舒适的居民占总人口比例仅为28%。相同形态普遍可见：在每周工作时数较少的国家，例如瑞典、芬兰、挪威、荷兰等，生活舒适的居民占总人口比例较高；在每周工作时数较多的国家，例如希腊、波兰、匈牙利、俄罗斯、土耳其等，人民的幸福感较低。

有一项超越社会期待、阶级、地位与所得水平的基本原理在运作，那就是独立、自主、自由、追求梦想的能力，感觉自己在创造有益的改变，并且经常处于心流状态中。它是我们的动机来源，使我们充满干劲，充分利用每一天、品味每一刻，时时刻刻都过得精彩，不再索然无味度日。想要做出改变与贡献，想从我们的境况中升华，想要帮助他人，创造出没有人想到的新事物，我们就必须踏入无人曾经涉足之地。

拥有动机、进入心流状态、有目的感，工作只是迈向这些境界的一种工具，并非必要条件。

第 17 章　人生的目的

若你生活在美国、日本及欧洲许多国家，你大概曾听朋友们说他们有多忙碌。“忙死了！”“快忙疯了！”这些话时有所闻。他们在公园散步时，必定查看智能型手机好几次，甚至不曾好好规划和孩子相处的时间。他们真的很忙，压力也真的很大，但为何会这样？

我相信，原因之一是我们的社会性强迫力使我们保持忙碌，或者保持“看起来”忙碌。早在年纪很轻的学生时代，我们就开始这样了。明明已有研究显示，我们的注意力只能持续 20 分钟，之后就会开始涣散，但为何学校里的每节授课总是持续 1 小时？为何我们不让孩子们以他们的步调运作？

进入职场，这种情形继续着。为何有那么多公司时时盯着员工，仿佛他们是小孩？为何大多数公司支付薪资主要是根据工时来计算，而不是根据绩效？为何我们继续留着无意义的职务与工作，想方设法让人们保持忙碌？

我跟很多人讨论过技术性失业的问题，尤其是在 NASA 艾姆斯研究中心（Ames Research Center）奇点大学的研习课程时，我有机会和一些在这个领域中最杰出的人士交谈，包括《与机器竞赛》一书的作者布尔优夫森与麦克菲、《联机》（*Wired*）杂志的创办执行编辑凯文·凯利（Kevin Kelly）、发明人暨未来学家柯兹魏尔，以及科幻小说家佛诺·文奇等。我坚持我的理论——经济体系创造新就业机会的速度，将赶不上技术摧毁就业机会的速度，但很多人不认同我的看法，虽然我可以在这里叙述这些论辩，但我想会离题太远。

我可以想象人人都有工作的未来，一种工作可能是现身办公室，坐下来，整天阅读电子邮件，看起来很忙碌；另一种工作可能是盯着机器人、看它们工作，确保它们不出错。其实，在一周的工作中，平均一万台机器人只有一台会出错，每个工厂只需要一名监督人员就足以应付了。但是，我们可能会有几百名监督人员，他们上头有主任，主任上头有副经理，副经理上头有经理……这就像层层往上的食物链一样。我们也可能虚构出新疾病，再培育出专门治疗这些虚构疾病的专业人员。最后，还有欲望，经济学家告诉我们，欲望无穷，所以我们可以无止境地创造、生产满足这些无穷欲望的东西，不管它们其实有多么无用、多么的异想天开。此刻，你也许会觉得这些观点读之可笑，但仔细想想我们现在的生活，你不觉得我们做的事多少就是这样吗？

思索这个问题多年后，我得出这个激进的结论：

我们必须停止这种“只看表面”的想法，认为人人都必须赚钱谋生。现在的事实是，平均每一万个人当中，一个人就能创造出能够供养其余所有人的技术性突破。现在的年轻人认为赚钱谋生是无稽之谈，绝对有它的道理。我们持续设法创造就业机会，便是基于这个错误的概念，认为每个人都需要做某种单调沉闷的工作，因为根据马尔萨斯（Thomas Robert Malthus）与达尔文的理论，人人都必须证明自己的生存本事。所以，我们有检查人员的督察，还有一整套机制进行层层检查。人们真正重要的事，应该是重返学校时光，想想在别人告诉他们应该赚钱谋生之前，他们想做的事。

我知道，这些话听起来很激进，有些人大概会觉得很天真，是出自一个不明社会复杂纹理、有着美好梦想，但对复杂体系与经济行为没有确实了解的年轻人。但实际上，前述论点几乎是逐字节录自杰出发明家暨未来学者巴克敏斯特·富勒（Buckminster Fuller）在1970年接受《纽约》（*New York*）杂志访谈时所说的话。[①]

重点是：“我们偏好创造新工作，而不是更努力创造一个不需要人人都要工作的新体制。”我在本书提出的论点是，机器人将会抢走你的饭碗，但没关系。现在，我要更进一步主张：人生的目的是要让机器人抢走你的饭碗。好吧，严肃一点，这不是人生的目的，但我认为在现今世界，这是寻找你的人生目的的必要但非充分条件。

---

① 富勒是建筑师、工程师、作家、设计师、系统理论家，被许多人推崇为20世纪最杰出的思想家之一。他创造出许多词汇，其中很多是未来主义浓厚、后来真的实现的词汇，包括“宇宙飞船地球”（Spaceship Earth）、“再生加速化”（ephemeralization，以愈来愈少的资源创造愈来愈多的东西）与“综效”（synergetic）等。

我不知道我自己的人生目的，更遑论你的人生目的，或是地球上其他人的人生目的。不过，我相当确定人生目的“不是”什么。你听过多少人临终前在卧榻上说，“哎，我真后悔没有多花点时间检查出会计报表上的错误”或“那笔交易若能获得 2.5% 的投资报酬率而不是 2%，我的人生就圆满了”。没有人会表达这种遗憾。他们遗憾的也许是，“我真后悔没有跟孩子相处更多时间”，或“我很遗憾没有更常告诉我先生我爱他”，或“真希望我在高中时勇敢向那个女生告白”，或“真希望我以前更常旅行，多看看这个世界”。

有一位女性的故事令我很感动，她是癌症末期的病患，只剩下两个月的生命，她的人生梦想是学微积分。后来，她得知在线教育平台可汗学院（Khan A-cademy）有这个机会，于是她在人生最后两个月学会了微积分，圆梦后开心离世。

有一句鼓吹不工作是好事的名言：“未来的目标是完全失业，这样我们就可以玩乐。所以，我们必须摧毁现在的政治经济制度。”这可不是什么轻浮的玩笑话，这句话出自着有《2001 太空漫游》（*2001*：*A Space Odyssey*）、《拉玛任务》（*Rendezvous with Rama*）等知名科幻小说的传奇作家暨未来学者阿瑟·克拉克（Arthur C. Clarke）。克拉克提出地球同步卫星（geostationary satellite）进行通讯的构想，因此地球同步轨道（geostationary orbit）又称为“克拉克轨道”（Clarke Orbit）或“克拉克带”（Clarke Belt），就是为了表彰、纪念他的贡献。

但是，克拉克所谓的“玩乐”（play）是什么意思呢？也许，他是在释义这句名言：“选择一份你热爱的工作，这样你的人生就没有一天需要工作。”或者，他其实有别的意思：找一份你喜爱的工作，一份令你满意又符合你的道德准则的工作，这件事在现今的世界很难做到。事实上，根据德勤（Deloitte）制作的“趋势变化指数”（The Shift Index），有高达 80% 的人讨厌他们目前的工作。我们必须根据经济条件调整期望，但不幸的现实是，许多工作令人不称心如意，也没能为这个社会创造价值，而且这还不够呢，这些工作也很快就要被自动化取代了——我认为，这应该会发生在我们的有生之年。

但是，我很高兴地告诉各位：隧道的另一头有光！本书的目的不是要说服你相信自动化很快就会取代你，而是要告诉你如何因应。我认真思考过、研究过，并和许多人分享这些建议，现在我把它们汇总于本书第三部。

这是我送给你的礼物，希望对你而言很实用。

英国人口学家与政治经济学家，其进化学说认为人口压力将刺激生产成长，生产成长也会刺激人口成长。

第三部

解　　方

第 18 章　给所有人的实用建议

终于来到你等待已久的时刻，很抱歉，把这部分内容摆在本书的这么后面，但我相信你会了解我为何这么做。如果我不解释前由，接下来要提的许多建议，就没道理了。这么一来，我就得逐一说明理由，这会导致解释过于冗长，使你的注意力偏离主要焦点。

现在，你已经具备所有必要工具，以及用来评估它们的正确心态，后续我提出的建议就会立即显得有理。事实上，在阅读本书之前，你可能已经想过这些建议当中的一些做法了，那么这份清单亦可作为不错的摘要，有助于简扼地整理你的思绪。

降低需求，好好生活

“最富有的人不是拥有最多的人，而是需求最少的人。”

——无名氏

经济快速演变，自动化正在取代人力，而且这种取代趋势与日俱增，失业者愈来愈多。纵使目前仍然保住饭碗者，未来也有被机器取代之虞，在这种环境下，无人能够高枕无忧，那么你有什么选择？

自助书籍通常聚焦于如何提高你的收入，其中一些书籍有所帮助，但更多的是无益之作。若你有幸挑到了一本好的书，照着处方投入时间努力，或许能够成功——这过程中少不了运气和机缘。这类书籍提供的建议主要围绕着这些：建立丰厚的人脉关系、与高层缔结良好友谊、机灵变通、自我经营、懂得推销自己。通常，你会阅读 400 页的内容，教你如何做，然后你开始尝试。对一些人来说，这个方法可能管用，在一些情况下它通常能够奏效。但是，我和许多人交谈时，看出这种方法有几个问题。首先，这种方法无法大规模适用，因为我们的体制本质上就不会让所有人都成功，从逻辑和数学上来说都不可能。

如果人人都变得人脉丰厚，很有街头智慧，善于推销自己，接下来呢？由于我们的体制要求必须拥有胜过别人的竞争优势，你才能成功，因此那些想要胜出者将必须变得更有街头智慧，展现出更高明的自我推销技巧，他们将会彼此吸引、靠拢，就像宇宙里较大的天体彼此吸引，形成一个人脉更丰厚的新精英网络。这是一个无止境的循环，赢家总是很少数，这是体制使然。这本身不是一件坏事，它是以这样的概念为中心的精英制度：如果你比别人更擅长某件事，你将会在这个领域脱颖而出，你的成就将会受到肯定。如果你想“更上一层楼”的话，我并不认为这有何问题，但问题是，我们连最基本的水平都还没到达——高度发达国家的数千万人和发展中国家的数亿人，连维持健康、像样生活的必需品都甚为匮乏，这为我们带来了其他的不可能性。

你的人生应该致力于在财务上变得更成功，以确保你有能力去追求梦想。或者，你应该停止追求达不到的成功梦想，让自己摆脱物质，过俭朴、清苦的生活。有没有结合这两者精华的第三条途径？有没有可能人人都过幸福的生活，同时又能追求自己的梦想？这很难说。

古希腊人谈论“美德”（virtue），它被视为成为有操守、好德行的人的基础，从而增进集体与个人高尚。在《尼各马科伦理学》（*Nicomachean Ethics*）一书中，亚里士多德（Aristotle）把美德定义为在一品格的不足与太过之间的一个平衡点，但最佳的美德点并不是两个极端之间正中央的那一点，而是一个黄金中庸（golden mean），有时更靠近其中一个极端。举例而言，勇敢是懦弱与鲁莽之间的中庸，自信是自贬与自负之间的中庸，慷慨是吝啬与奢侈之间的中庸。为了找到黄金中庸，必须拥有常识，但拥有常识者未必是高度聪明者。亚里士多德认为，美德是人类的优点，是一种能够帮助一个人生存、成功、建立有意义的关系，以及获得幸福的技能。美德的学习通常在一开始很难，但是经过不断的练习就会变得比较容易一点，直到成为习惯。

有一个受到亚里士多德的哲理启示而发展出来的观念，近年来渐渐渗入全球各地的智囊团、行动团体和社群中，这个观念是：与其追求赚愈来愈多的钱，或是完全放弃赚钱，不如先尝试降低对金钱的需求，找到一个黄金中庸。

很多人误解了这个观念，我在此尽可能解释清楚。富有是一种相对的概念，你一年赚 10 万美元，但一年的开销是 12 万美元，相对来说你是贫穷的，因为你赚的钱并未达到你需要的金额。另一方面，如果你一年赚 4 万美元（这是美国多数人的所得水平，）但你的开销大约为 3 万美元，那么你其实是相对富有的。降低你对金钱的需求，并不是要你牺牲生活、放弃自己喜欢的东西，恰恰相反，你不需要老是对你做的事感到不安，也不需要来个大回转，在一夕之间翻转生活方式，你可以继续做你喜欢的事，有时甚至能以更少钱做更多你喜欢的事。你可以在不需要赚几十万美元、也不需要过清苦日子的条件下，过着有美德的生活——古希腊人所谓高尚而满足的生活。

有些人称此为“慢活”（downshifting)，概念很简单：过更简单的生活，摆脱无止境的过度物质主义，降低压力、减少加班，设法减轻伴随这些而来的精神消耗。我们可以在休闲和工作之间找到改善的平衡点，把生活目标聚焦于个人成就感及关系的建立上，而不是汲汲营营以追求经济上的成功为主。这不需要你做出可能危及安定性的大幅或突然改变，你可以规划从简单的项目做起，然后逐步推进，你将会看到自己过一种更好、更满足、更幸福的生活。

这听起来像是一种不大可能做到的双赢局面，可有暗藏玄机？这其中暗藏的玄机就是它并非万灵丹，毕竟没有人人适用的公式，最重要的是，没有人能提供你明确、可以照单去做的指导。

不是人人都可以成为物理学家、生物学家、计算机科学家、生技学家，你必须找出自己的长处，知道自己喜爱做什么事，了解如何靠从事这份工作来养活自己。不是人人都有数学天分或音乐才华，但任何人都能找到自己擅长且喜爱做的事。为了达到美德生活、对人生充满热情与兴趣，同时确保有足够的收入可以维持生活，你必须机敏地观察所有出现在眼前的可能性。为此，你得先研究、学习新东西，拓展自己的视野。

教育自己

“给他一条鱼，只能喂饱他一天；教他钓鱼，可以喂饱他一生。”

——中国谚语①

① 很遗憾，这句话的原始出处已不可考，但通常都指源自中国。多年来，有人错指它出自孔子、老子或管仲，但它是一句中国谚语，意思是“教导人们如何做，胜过为他们做。”

这句古老的中国谚语流传了数千年，但近年在鱼类资源锐减的情况下，我认为必须对它做出一些调整，我的更新版本如下：

“给他一条鱼，只能喂饱他一天；教他钓鱼，可以喂饱他更多天；教他当个问题解决者，他就能够面对呈现在眼前的任何挑战。”

不论我提出何种待办事项清单，永远都无法解决你人生遭遇的问题。一份清单也许是个不错的起始点，但情况恒常改变，跟上这个世界的唯一之道，便是教育自己成为一个批判性思考者及问题解决者。

教育向来是我很感兴趣的主题之一。我至今记忆犹新，从小学到高中时期的生活，那是我此生最痛苦的时期之一，我觉得极其无聊地坐在教室里，听着乏味的课，学习一连串的定理，背记数字与文句，不时地看着时钟，等待下午四点半的到来。时间一到，痛苦终结，放学回家。不过，也不全然如此。

我母亲是图书馆员，在我读幼儿园时，她总是把我带到她任职的公立图书馆，直到她轮完班。我坐在图书馆里的书桌前，没人告诉我要做什么或是该怎么做，我可以取阅各种书籍，虽然我大字还不识几个。我妈妈告诉我，打从小时候起，就对科学书籍很入迷，我时常翻阅书里的图画，什么原子和电磁场、动物物种、星星及银河、机械器材、恐龙等的有趣题材。我其实没有什么相关记忆了，但她说，就她记忆所及，我想了解这个世界、探索各种领域的知识，对宇宙总是拥有满满的兴趣、着迷不已。后来，我开始上学，突然受挫，就像高速行进中的巴士撞上一道墙般，我不明白，为何学校老师不能——或许是不想吧——回答我的疑问。最重要的是，我难以置信，他们甚至对自己教的东西也不感兴趣！我试了又试……徒劳无益，失望多了以后，便开始放弃。

我被视为一个奇怪的小孩，总是好奇最大的动物是什么。我们如何知道6000万年前有恐龙，而不是2000万年前或1000万年前——当时是电影《侏罗纪公园》（*Jurassic Park*）还未上映的年代。为何大象的体积会这么大？蜘蛛会有八只脚，而不是六只脚？蜂鸟为何会飞，它们的翅膀震动得多快？星球为何及如何形成？学校老师们认为，这些都是不重要的问题，我不需要知道答案，因为考试不会考这些，它们不在教材内，我干嘛要这么费劲想知道更多？

我的失望就是这样不断地累积，最后放弃，自行研究。我并未离开学校的体制，老师叫我做什么，我照做，在课堂上绝大部分的时间，我都照他们的要求闭上嘴巴。我把全副心力转为自行研究、学习不是教育体制内要求学生学的东西，我津津有味地阅读每一册《金氏世界纪录大全》（*Guinness World Records*）和《世界概况》（*The World Factbook*），欲罢不能，感觉自己被那些资料吸引，仿佛有一股无形的力量把我推向它们。我到了后来才知道如何解析这些信息的含义，如何质疑及验证其真实性，如何把它们脉络化，这不是别人教我的东西，都是我自己辛苦学来的。

这些都是在因特网变得普及之前的事，每每想起当年我必须费上好大功夫，才能再多知道与了解一点点，相较于现在的容易程度，我就觉得难以置信！以前得花上几十个小时翻阅非交互式、相当呆板的书籍才能得知的信息，现在只需要几秒钟在弹指间就能取得，而且往往有生动影片、授课，以及由当代最杰出的思想家主持的研讨会。现在，乌干达一个贫穷小孩可以取得的知识，比三十年前的美国总统还要多，如此大的转变在人类史上是空前的发展，这使得印刷机的发明相形失色，几乎已称不上是重大事件了。如今，世界各地的人可以免费获得世界一流的教育，由全球最顶尖大学的优秀教师传授的任何科目，但如此惊人且革命性的变化，知道的人却很少，着实令我意外。

全球各地有超过 4 亿部计算机安装了 iTunes，但我和人们交谈时发现，很少人知道它除了可以用来下载音乐和影片，还可以用来做别的事。苹果公司在 2007 年 5 月 30 日宣布推出 iTunesU，免费提供世界各地知名大学传授的课程，这些高水平的课程影片内容，多半相同于你花 20 万美元取得的学位提供的课程内容，差别只在于你现在可以在家里或巴士上观看，还可以随时暂停、重复观看，而且免费。教材搜集自世界各地，包括学院、大学、博物馆、图书馆，以及其他富有教育价值的文化机构，目前有超过十万个档案可供下载，来自牛津、耶鲁、哈佛、剑桥等几百所大学。

这种方法的开创先锋是 1999 年发起于德国的开放式课程（OpenCourseWare）文化运动，麻省理工学院在 2002 年 10 月推出 MIT 开放式课程（MIT OpenCourseWare）后，开启了这种教育方法的蓬勃发展。耶鲁大学、密西根大学及加州大学柏克莱分校随后跟进，推出类似方案，日本及中国不久也有类似方案推出，很快地，这种教育方法将普及全世界。麻省理工学院表示，它推出开放式课程（简称 OCW）的宗旨，就是要“透过可得的知识网络，促进人类的学习”。

在我看来，尽管变化快速，这种教育方法提供的庞大潜力，大多尚未被利用。主要的原因是，潜在的学习者欠缺个人动机跟这类课程，还有教材本身的难度。后来，出现了新角色，为这个领域带来改变。2004 年底，萨尔曼·可汗（Salman Khan）和其小表妹娜迪雅讨论宇宙本质之类的东西，他觉得这个年轻女孩的资质甚佳，她未来也打算从事科学相关工作。可汗把这件事告诉娜迪雅的父母，他们很惊讶，因为娜迪雅在学校的基础数学成绩很差。可汗难以置信，一个涉猎高深主题的人，怎么可能连基础数学都应付不来呢？他觉得，学校的教学可能有问题，所以便开始透过因特网为娜迪雅补习，结果成效甚佳。

后来，口碑传了出去，其他亲朋好友也找上他，请他为他们的小孩补习。所以，可汗决定采用更有效率的方法：录制教学影片，放到 YouTube 平台上。当时是 2006 年 11 月 16 日，他时任避险基金分析师，收入丰厚，是个很成功的商业人士。

有钱、有地位、生活安定，夫复何求？

目的感。白天的分析师工作下班后，可汗利用晚上的时间录制教学短片。很快地，其他人便开始观看他的教学影片，观看者愈来愈多，也有人写信给他。有一天，他收到这样的一封信：

可汗先生：

从来没有一位老师帮助我，我知道，这么说听起来很恶劣，但我说的是实话。他们强迫我吃药，以制止我在课堂上说话。当我被点名回答问题却不回答时，他们惩罚我。在我出生的家乡，黑人不大受到学校欢迎，我母亲和她的姊妹们得走两个小时的路去一个小棚屋上学。大约五年前，我家人攒了足够的钱，迁离我出生的地方，好让我有机会接受教育，过好一点的生活。但是，我欠缺基础数学底子，进步很慢。

现在，我上了学院，学的东西比我这辈子至今学到的还要多。但是，我糟糕的数学底子一直在扯我的后腿。完成数学一四一（学院的代数课程）后的 2009 年 6 月，我发现了可汗学院；整个夏天，我都在你的 YouTube 网页上学习。我写这封信，是要感谢你所做的一切，你是上天派来的天使。上周我参加数学分班考试，我现在被分到数学 200 荣誉班，我在分班考试中全都答对了。主考人对我的数学程度非常惊艳，他说我应该可以去上线性代数课程了。

可汗先生，我可以很确定地说，你改变了我的人生，以及我每个家人的人生。

收到这封信几天后，可汗辞掉了工作，全职投入于可汗学院（www. khanacademy. org）。良知，以及认知到你正在帮助他人，形成“有同理心的文明”（emphatic civilization）。透过分享科学知识，为人类带来改善，这是值得你每天早上起床投入的事。可汗说：“我做出这么少的努力，就能长久帮助无数人，我想不出还有什么途径比这件事更能善用我的时间。”可汗学院的使命就是：“为任何地方、任何人提供高质量的教育。”

我猜你应该还记得你在就读大专院校时，曾和朋友努力了解某个概念背后的含义，或是试图解某道问题。你们花了好几个小时的时间，一群人一起不停地寻找解答，伤透脑筋。然后，某人终于喊道：“找到了！”接着，此人向大家解谜，通常花不到 10 分钟。若能省下那好几个小时，有个老师花几分钟的时间，用简单、实用的方式解释，那该有多棒！直到观看可汗的教学影片前，我以为这只是个梦想。

这个创业故事在另一方面也显得既荒谬又有趣——一个家伙挑战麻省理工、斯坦福、哈佛等闻名全球的大学，想比它们更受欢迎、更受肯定？他想单凭己力创建一所最大的在线学校，成为理论、艺术与科学的教学中心？没错，这显然就是他正在做的事！

我想学化学的念头，已经是好几年前的事了。起初得知麻省理工学院开放式课程和 iTunesU 时，我很震惊——可以在因特网上免费观看斯坦福、哈佛、麻省理工的课程录像?！哇！我心想：“我一定要排出时间来学一堆科目。”但这从未实现过，因为我晚上八点回到家时已经筋疲力尽，虽然我时常观看 TED 演讲或奇点大学的研讨会影片，但要我在晚上 11 点观看量子缠结（Quantum Entanglement）或生物化学的课程教学影片，实在是太难了！然而，可汗的教学影片每段只有 13 分钟，我可以在一天当中的任何时段观看——午餐休息时间、火车上或晚餐后，随便什么时段都很容易拨出这十几分钟。

而且，我一定要强调，这些教学短片以浅显易懂的方式讲解概念，非常容易理解。我向来都对事物的发生缘由、运作情形、运作因素、在什么条件下无法运作等很感兴趣。虽然人人都能套用公式，尤其是计算机，但你能导出公式吗？你能解释他们如何导出公式吗？自从有了 Wolfram Alpha 平台（www. wolframalpha. com)[①]，用手做力学计算显然已经过时了，最重要的是想法、概念与理解。

因此，我立刻开始使用可汗学院的化学课程教学影片，每看完一段影片，那种发现与理解，总是令我感到十分振奋。这种开放式课程的问世，看起来似乎相当神奇，但若你把它脉络化，从背景来看，就会认知到，这种发展是相当自然而有道理的。信息科技的指数成长，以及自由软件运动的出现，已经促使我们的心智典范彻底改变。信息变得更容易取得、更为可靠，最重要的是，所有人都可自由取得。GNU、Linux、创用 CC（Creative Commons）、维基百科、开放式课程，以及可汗学院，这些全都是技术与文化指数成长下的合理产物。

可汗说，他希望可汗学院能够提供更多科目的教学——该平台已经提供超过数千段的教学影片，涵盖数学、历史、医疗卫生、医学、财金、物理学、化学、生物学、天文学、经济学、宇宙学、有机化学、美国公民学、艺术史、个体经济学、计算机科学等。你可能会问：“这家伙到底是何方神圣？为何能教那么多学科？”可汗在高中是毕业生致辞代表，他的 SAT 测验数学得满分，他在 32 岁之前，从麻省理工学院取得数学学士学位、电机工程及计算机科学学士学位，以及电机工程与计算机科学硕士学位，另外还有哈佛商学院的企管硕士学位，他知道他在教什么。

我在 2009 年时，就曾撰文介绍过可汗学院，当时几乎没人知道它。如今，它已是人类史上最大的学校，它的教学影片全球观看人次已经超过数亿。可汗学院获得许多基金会和公司的捐款赞助，包括比尔与梅琳达·盖茨基金会（Bill and Melinda Gates Foundation）、谷歌公司，以及欧苏利文基金会（O'Sullivan Foundation）等。很多媒体报道过这个在线学习平台，包括 CNN、美国公共电视网（Public Broadcasting Service，PBS）、CBS、TED、美国知名脱口秀主持人与新闻记者查理·罗斯（Charlie Rose）的访谈节目等。

该平台天天成长、进步，其教学影片已被翻译成数十种语言版本，预期将涵盖全球最通用的十种口说语言。已经有一些学校尝试把可汗学院的教学影片和传

① Wolfram Alpha 是一个在线服务平台，你输入查询，它会直接提供计算机计算的结果或解答，而不是像搜寻引擎那样，提供一份里头可能含有解答的文件档案或网页清单。这个平台的目的是“让人人可立即取得计算机演算后得出的系统化知识”。

统课堂学习结合起来，初步成效惊人，非但并未导致教师过时而被淘汰，反而使他们成为更好的导师，有更多时间和学生进行一对一的实际互动。学生可自行在家学习，到学校再一起做习题强化知识，或是彼此教导所学来增进收获。

可汗说："这可以成为实体学校的 DNA：学生在校花 20% 的时间观看影片，根据自己的步调做习题，其余时间用来做劳作，例如制作机器人，或是画画、编写音乐等。"

于是，教师变成更像导师、指导者，不再是威权人物。他们为所有学生提供进度与评量表，让他们可以看出自己正在学什么、学习成效如何，只有在学生于特定主题上陷入困难时才介入。

这听起来简直太棒了，令人难以置信，对吧？这其中一定有什么附带条件，没有，没什么附带条件，可汗学院完全免费。它的教学影片采用"创用 CC"协议，该网站与平台的软件程序全部是开放源码。你可以用自己的步调学习，你可以只选择你喜爱的科目，或是按照它建议你的路径，你甚至可以请你的学校把它们和学校课程结合，或者你可以自行使用它，然后到学校去秀一下你的程度，神气一下。这些教学影片的内容很有趣、浅显易懂，该平台的成长速度非常快，天天进步。

那么，有没有什么缺点呢？有两项：其一，它并未提供学习成果的认证；其二，难以透过这类媒体来教导艺术及人文学科。不过，我并不认为这两者是障碍。如前文所述，世界快速演变，任何被指数成长的技术影响的领域都会呈现加速演变曲线，教育制度将必须因应可汗学院之类的新现实而做出调整，而不是倒反过来。家长把孩子送去学校，不是为了学习（这真悲哀），而是为了取得文凭、获得学位，让他们更容易找到工作，但这种公式已经不再管用。

如同戴尔·史蒂芬斯（Dale J. Stephens）、麦克·艾尔斯柏（Michael Ellsberg）及其他许多专家所言，传统教育的价值被高估，学业成绩未必使你在劳动力市场具有竞争力。拥有斯坦福大学博士学位固然有帮助，但它再也不是成功的充分条件。如果你的目标是进入谷歌、PayPal、微软之类的知名科技公司工作，那么在可汗学院快速习得知识与技能，可能比循传统途径取得学位更有效率。机敏的大学了解这点，它们改革的速度非常快，麻省理工学院在 2012 年推出 MITx 方案，免费提供套装形式的系列课程，给全球各地的在线学习社群。该校也对其校园学生提供在线工具，补充、丰富他们的课堂与实验室学习体验。MITx方案也让完成x系列课程者可以支付少许费用，取得由麻省理工学院与哈佛大学合组的非营利事业组织edX提供的认证。

2011年秋季，我参与了最早的大规模开放式在线课程/磨课师（Massive Open Online Courses，MOOCs）实验之一，那是塞巴斯汀·杜伦（Sebastian Thrun）、彼得·诺米格（Peter Norvig）及吴恩达（Andrew Ng）在因特网上推出的“人工智能”（Artifical Intelligence）与“机器学习”（Machine Learning）这两门斯坦福大学课程。当时仍是实验阶段，过程有些波折，但成果惊人。有来自世界各地的十几万人注册、参加这些为期十周的课程，课程内容大致相同于斯坦福校园学生上的课程内容。若你完成课程，把家庭作业做好（全部透过自动化软件），除了可以习得先进、实用的学科知识，还可以取得斯坦福大学颁发的完成课程声明书。这些课程的优点是，每周的进度循序渐进，你可以和十几万人一起学习，提出疑问，讨论课程内容，一起做习题，是很棒的学习体验。杜伦对成果感到非常振奋，于是干脆辞去斯坦福大学的教职，创立Udacity在线教学平台（www. udacity. com），提供免费课程。

另两位斯坦福大学教授吴恩达和达夫妮·柯勒（Daphne Koller），也募资创立了营利性质的在线学习平台公司Coursera（www. coursera. org），并和许多顶尖大学合作推出高阶课程，例如模型思维、自然语言处理、赛局理论、概率图模型、密码学、算法设计与分析、机器学习、人机互动学、绿色建筑学、信息论、解剖学与计算机安全等。这一切都还只是开始而已，这是和技术变化与发展结合起来的教育自然进化。拥抱变化，否则只有死路一条。

说了这么多，这些与你有何关连？它们能够如何帮助你？如果你还没注意到的话，在此提醒你：这是你的致胜门票，你可以在几乎不花钱的条件下，变成任何领域的专家，或至少取得能让你变成专家的工具。不久，就会有分子工程、纳米科技，以及能源、食品、住屋等永续生产技术的在线课程推出，教育将变得更切合现实需要、更易理解吸收、更引人入胜，最重要的是，很多都是免费的。现在，你所能做出的最佳投资，就是投资自己。

创造力的工具掌握在每个人的手上，而且愈来愈容易取得与上手。你拥有人类史上前所未有的机会，请好好把握！

教育他人

救了自己，其他人却没能得救，何益之有？别把这些知识私藏，请尽可能与更多人分享，不要只想着为自己取得竞争优势，那是自私自利的短视，已经过时了。若愈多人获得教育、知道这些东西，他们愈能帮助解决我们所有人面临的挑战。唯有在分享中才能找到幸福，分享引领我们通往更多更棒的发现。我相信，在不久的未来，我们的社会将变得不那么重视个人是否拥有杰出、过人的能力，而是更重视个人的助人能力，也不那么重视他是否为最优秀的学生，而是更重视他教导别人的能力——这才是美好而值得生活于其中的世界！

自己种食物

这个建议显然太平淡无奇，令我觉得在此提出似乎很无聊。食物是一种形式的能量，堪称是最重要的能量，它是我们的体力来源，也是一种形式的能力。自己种食物并非纯粹作为一种休闲活动或嗜好，而是象征把掌控力抓回自己的手里。创立非营利组织厨房园丁国际组织（Kitchen Gardeners International）、发起自栽食物运动的罗杰·多伊隆（Roger Doiron），称此为一种“破坏性的计划”（subversive plot）——从你家后院发起革命。这不是什么阴谋诡计，而是公开分享的行动；它不是为了少数利益而牺牲许多人，而是授权给每一个人，使所有人都能变得更安全、更健康、更独立。开辟自己的菜园有许多好处，下列仅列出其中几项：

●改善你及家人的健康。研究显示，多数疾病导因于不良的饮食习惯和危害健康的食物。多吃新鲜蔬果不仅是保持健康的最重要方法之一，为自己及小孩栽种蔬果，能使你们吃得更健康的可能性提高一倍。

●省钱。这当然不用多说了，近年来食物的价格明显上涨，未来可能还会继续上涨。为什么？因为每生产一卡路里的食物，至少要消耗相当于十卡路里的石油，而油价已经上涨，此后只会继续涨、不会跌（这是指平均而言），因为石油是有限资源。自己栽种食物可以减少购买量，平均来说，四口之家可以省下3000美元或更多——实际金额取决于种种因素。

●减轻你对环境造成的影响。这或许不是人人都关心之事，但其实人人都应

图 18－1　我在 2009 年为部落格行动日（Blog Action Day）画的漫画

该关心。所有生态系统都相互关联，我们全都依赖它们，就算你不关心环境本身，至少你应该要知道，忽视环境，最终将会伤害到你。尽量不要使用化学农药及肥料，很多网站教你如何以最好的方式使用自然系统，用最少的功夫获致最大收获——可参考“永恒农业”或“朴门农艺”（permaculture）。而且，纵使你居住在城市里也能做到，你可以参考都市农业学、水耕栽培法或鱼菜共生（aquaponics）栽培法。

●享受户外生活。栽种、除草、收割，这些都是很棒的体力活动。园艺活动能够帮助你放松，让你有时间思考或让你的心思漫游。

●创造小区与家庭时间。园艺是既有益又有实际收获的活动，让你有时间和孩子相处，同时也能做一些有用的事。如果你朋友的家里没有后院，无法自己栽种食物，你可以邀请他们共享你的后院！自己种食物让你有机会和邻居分享你的收获，使你们有机会互相帮助，重建小区感。

●享受更美味的食物。最新鲜的食物是你亲手摘取的食物，超市货架上陈列的是远方种植、收割与包装的食物，用卡车、飞机、火车、船只与货柜运送，也就是石油、石油、石油。在你拿起它们之前，它们已经在货架上摆放了多久呢？一天？一周？一个月？它们到底去过哪里？曾经存放在何处？栽种者使用了什么，使它们看起来如此无瑕（但往往不美味）？相信我，当你亲手摘下自己栽种的蔬果，咬下鲜美、多汁的一口时，你会知道自己做出正确的选择。

●不再当食品公司的奴隶。这还用我多说吗？

少吃肉

这点时常导致误解，因为它背负了许多情绪包袱，支持和反对吃肉的两方争辩不休。我并不是要选边站，我纯粹是根据简单的物理学和生物学进行分析。

物理学。生产大量肉类，把它当作主要食物，是非常缺乏效率的事。联合国粮食及农业组织（Food and Agriculture Organization，FAO）指出："为了经营牧场而砍伐森林，是导致中南美洲热带雨林一些特殊植物及动物物种消失和排碳至大气层的主因之一。"它进一步解释："扩大饲养家畜是导致拉丁美洲热带雨林遭到破坏的主因之一，热带雨林的破坏导致这个地区的环境严重恶化。"该组织在2005年发布的研究报告中指出，90%的森林砍伐导因于非永续的农耕方法，伐木与垦地虽然不是导致大面积森林砍伐的主因，但也是森林劣化的导因之一。

饲养供人类消费的动物，大约占现今工业化国家农业总产出的40%。家畜是全球最大的土地使用者，牧场占据地表不结冰土地面积的26%，作为家畜饲料的农作物种植用掉了约1/3的地球可耕地面积。就全球而言，家畜直接或间接占了人为二氧化碳总排放量的9%，甲烷总排放量的37%，一氧化二氮总排放量的65%。这里提供你一些数据比较，让你有进一步的概念：生产1公斤小麦需要使用1吨的水；生产1公斤牛肉需要使用超过15吨的水。更别提生产肉类所造成的其他负外部性了，例如生物多样性的损失、家畜品种的减少、抗生素抗药性的生成与扩散导致动物及食物中含有致病细菌、释放自然生成激素及合成激素、杀虫剂与衍生药物的使用，以及重金属和持久性有机污染物的累积。

生物学。食用过多的肉，尤其是红肉，和许多健康问题有关联性，例如大肠癌、食道癌、肺癌、胰脏癌、子宫内膜癌、乳癌、胃癌、淋巴瘤、膀胱癌、肺癌、各种心血管疾病、糖尿病、肥胖、高血压及关节炎。

结论。所以，大家都应该吃素？不是的。从道德角度来看，该不该吃素已经有太多激烈的辩论，每个人的观点都不同，我就不谈这个了。更何况，纵使有前述种种证据，“吃肉有害”这点至今尚未获得共识，物理学及生物学的证据只是显示，过度生产肉类和食用过多肉类有害处。再者，除了现实面，还要考虑到人性面，许多人爱吃肉，世界各地有许多肉类佳肴，难不成我们要期望（或更糟的，强迫）人们舍弃这所有的美食，开始吃素吗！

因此，我建议中庸一点、更有常识的做法：减少肉类的食用量，减轻对环境造成的压力与伤害，也对我们的健康更有益。你不必完全舍弃肉类，但别在一周内吃上十四餐的肉食。也许，你可以先从减为十餐开始做起，渐渐减少到一周只有五餐或两餐吃肉，这样你就不会觉得是一种牺牲。请尝试看看，若你真的无法一天不吃上两餐肉食，那就算了。但若你觉得还行，那么把你的食肉量减为一半或到某个比例，这样更好！你将会活得更健康，不但帮助了我们的环境，还能够省钱呢。

住家节约能源

现在，当人们谈到能源问题和解决方法时，总是提及再生能源。大家普遍认为，唯一的问题在于供给面（碳氢化合物很有限，而且得花很长的时间形成），如果我们能够改用太阳能、风力发电、水力发电、生物质、生物燃料、潮汐能、波浪能之类的再生能源，就能够解决问题。这有点像是在主张，若一个桶子漏水，是因为上头的漏洞比瑞士起司的小洞还多，解决办法就是灌入更多的水。

在你的住家使用再生能源是一件好事，但在此之前，你应该先处理一下“房间里的大象”——我们使用的能源有大部分都被浪费掉了。不过，我指的并不是屋里的灯一直亮着这种事（能够随手关灯当然更好），刷牙时的确也不应该浪费自来水，但相较于我们每次冲马桶时浪费掉的可饮用水，刷牙时节省的用水可真是小巫见大巫。我说的是，暖气系统、不良的隔热系统、老旧家电、不良设计、不良习惯，以及不正确的思考方式，这些全都会导致能源白白浪费。你可以先改装房子，节省可观能源，为何要安装供应十千瓦电力的太阳能光电板？

在美国，建筑物是 68% 的煤和 55% 的天然气的最终使用者，在这个领域存在着减少化石燃料用量的巨大潜在机会，但这些潜在机会还未被善加利用呢！此外，能源并非仅指电力或石油，水也是能源，把你的用水量减少一半，你烧热水的天然气用量就会减少一半，运转帮浦的电力用量也会减少一半。然而，我们并未这样思考，但事事皆有关联，凡是需要动的东西，都要用到能源。在其他条件不变的情况下，节能改装总是比从一种能源转换为另一种能源来得更便宜、更有效率，投资报酬率也较高，花更少、省更多。你可以做的事有很多，下列仅举出一些例子：

●换装 LED 灯泡。它们不但更节能，不会释放有毒的化学物质，而且寿命更长。喜爱怀旧风格的人，也有黄光 LED 灯泡可以选择。

●选用高节能家电。欧盟有 A 和 A 等级，美国有能源之星（Energy Star）认证标章，符合这些规格的家电可以节省很多能源。

●可编程恒温器。这种使用人工智能软件的调温器，每年可为你节省高达 50% 的能源用量。The Nest 推出的学习型恒温器（Learning Thermostat），就是这类系统的一个好例子。

●热水器保温毯。较新型的热水器有较好的绝缘，你若想知道一款保温毯合不合用，可以把手贴在热水器的外壳，如果感觉温温的，便可用保温毯把它围覆起来，这样能为你省钱。

●待机省电装置。在方便的地方，让你的电子器材使用智能型自动节能省电延长插座，它们会自动感应睡眠模式，切断你原本使用中的器材电源，也切断你插在此延长线其他插座上的相关电子器材的电源。

●减少用水量。安装省水水龙头及低流量的淋浴喷头，可以减少用水量约 50%。

一项保守估计指出，前述调整的投资成本平均不到一年就能百分之百回收，结合起来，每年可节省超过 1000 美元。在电力、瓦斯、水等价格不断上涨的情况下，省下的钱将更为可观。

你可以发挥创意，寻找更多其他节能的好点子。有很多热心人士设立网站，专门提供住家节能改装的建议，例如 GreenandSave 网站上（www. greenandsave.com）有一张表，列出各式各样的节能改装，包含小幅调整、大幅改造与安装先进系统等，还估计了投资回收期、成本、每年节省的金额、十年节省的金额、投资报酬率等。若你想做得更广泛、彻底些，可以使用整合设计方式的节能改建，从墙壁、屋顶、地下室、管路的保温工程及换窗做起，虽然这会花费更多时间与成本，但长期的报酬很值得，不但能够省钱，还能够改善你的住家质量。

当然，你不需要一举做出所有改变，也不需要做出所有改变，你可以明智地根据自己的生活条件、环境状况、房屋设计，以及你的生活习惯选用合适的技术。根据 GreenandSave 网站的模拟，若你做出所有调整、进行大幅改造，并安装先进系统，你的投资成本约为 86000 美元，但在 20 年间将可节省 30 万美元。当然，每个人的房子不同，你可以选择只做几项改变，那也能让你约略看出投资与报酬的概况，可参考一下表 18－1。

表 18－1　住家节能改装投资报酬概估

节能调整				
投资回收期	投资成本	每年节省	十年节省	投资报酬率
1.2 年	1320 美元	1136 美元	11360 美元	96.5%
节能改造				
投资回收期	投资成本	每年节省	十年节省	投资报酬率
4.2 年	15814 美元	4348 美元	43480 美元	26.8%
装设先进节能系统				
投资回收期	投资成本	每年节省	十年节省	投资报酬率
8.7 年	69590 美元	7309 美元	182170 美元	11.8%

自制能源

以前，能源依赖度很高，很难改变；现在，若不设法采取行动改变，仿佛就像犯了罪似地坐立难安。化石燃料成本上涨的同时，再生能源技术的成本却显著降低。如今，太阳能已经比核能更便宜，在一些地区（例如意大利及西班牙），在未提供奖励诱因之下，已经出现太阳能比石油还便宜的现象（若提供奖励，这种现象将会更常见。）

太阳能技术呈现指数成长中，因此我们将会持续见到其成本下滑、效率提升。视你居住的地区而定，热水太阳能板的投资回收期是4~10年，光电太阳能板是6~12年，热气集板是1~2年。这些技术使用30年可一直保持最起码80%的初始效率（它们都有保证书）；纵使在30年后，它们仍可继续使用，只不过效率稍微下滑。此外，光电太阳能板的成本每两年降低约一半，相较于几年前，它现在已经变得非常便宜了，而且这种成本下滑的趋势仍在持续中。

热泵、风力涡轮机、各种微型发电系统，以及其他许多技术，全都可帮助产生你需要的能源。但切记，这应该是最后才诉诸的行动，你的首举应该是节能，把生产能源摆在后头。最重要的能源形式是我们的头脑，请明智地使用它。

不买车

有车很方便，随时需要随时可用，行动便利，不论长途旅行、上班、朋友聚会，没车的生活将会大不同。若你居住乡间，实在没有别的选择，因为没车哪里都去不了。但若你住在城市（多数人居住在城市），拥有车子也许是麻烦多于便利。下列是你应该考虑不买车的几个理由：

●省钱。想想汽油价格，涨多跌少，光是这点，就应该足以让你考虑买车是否划得来。不过，其实要考虑的费用还有很多，例如分期付款、维修保养费用、保险费、折旧等，拥有一部车子的年成本介于5000~15000美元之间，视车款、地点及使用情形而定，这可不是一笔小数目。想想看，结合使用大众运输工具、脚踏车、步行及在必要时租车，你可以省下多少钱。

●减少意外。若你打算经营一个事业，你为一项技术申请执照，这项技术每年在欧洲导致160万人受伤、4万人死亡，管理当局一定不会发给你营业执照，但这就是欧洲2007年的车祸伤亡统计数字。等到无人驾驶车普及后，情况将会有所改变，但是等到那时，几乎也没有人需要拥有车子了。你可以随时用手机召来一辆离你最近的无人驾驶车，让它载你前往目的地，再用手机付费。这些车子以最大效率及低成本行驶，请问你何必养车，自找一堆麻烦？

●空气更干净。在我们改用完全使用再生能源的电动车之前，汽车将会继续制造污染。只要愈多人开车，城市的适宜居住性便愈低，就是这么简单。

●建立小区情谊。研究显示，街道交通量和小区居民彼此认识的人数有直接关联性——车子愈少，小区居民愈可能待在户外。如果你想认识更多小区邻居的话，不妨多走路。

●减轻交通阻塞及紧张。尤其是在交通尖峰时段，骑脚踏车可以为你节省很多时间，更别提减轻紧张了。

●更健康。2010 年，美国疾病防治中心（Centers for Disease Control and Prevention，CDC）发布的统计数字中，全美肥胖者人数再度攀升，成年人肥胖者达 35.7%，肥胖孩童的比例为 17%。2012 年 2 月，专家预测到了 2015 年，美国将有过半数人口是肥胖者，情况远比英国严重，英国可能到 2020 年将有 1/3 人口是肥胖者。步行、骑脚踏车、跑步、溜冰，不论你决定用哪种方式取代开车，都能使你变得更健康，还能省下很多保健支出（药品、看病、手术，以及忽视身材与健康的其他后果），而且你可能也因此不必再上健身房了，这又为你省下更多钱。

若因情况特殊而真的需要一辆车时，你可以使用汽车共享（carsharing）服务，这是在世界各地愈来愈流行的一种共享机制。汽车共享不同于传统的租车服务，它提供了许多好处：它不受办公时间限制；预订、取车及还车全部采自助式；可以选择以分钟、小时或租一整天的计费方式；取车与还车地点遍布服务区域，通常是位于靠近大众运输系统的地点；保险及燃料成本包含在租金内。这个概念衍生出许多类似制度，例如在德国、荷兰、英国、美国、加拿大、西班牙、斯洛维尼亚有 P2P（peer to peer）租车制。

当然，还有行之已久的共乘（carpooling），如今，因特网和行动应用程序使共乘远比以往更容易了。很多网站帮你找到提供搭载服务的车主，你可以根据音乐、电影、艺术或运动偏好来挑选你喜欢的类型的人共乘，搞不好还能因此找到意中人呢！

第19章 拥抱开放哲学，共创未来

“预测未来的最佳方法就是创造它。”

——彼得·德鲁克（Peter F. Drucker）①

曾经，重大的社会变革可能是源于非凡的个人智慧与坚定推动，但后来一切改变了。二次工业革命之后，社会愈来愈复杂，需要愈来愈大的投资去发明、实验及递送创意的果实。这种趋势发展到后来，创造任何重要、复杂的东西所需要的投资，庞大到只有大企业才能做到。

现在，我们面临新的工业革命，这次的工业革命把力量交回到人们手里——创客、黑客、勤奋的发明家与创造者，他们正在快速塑造未来。DIY创新者社群崛起，为新社会打造实体工具、数字工具与文化工具，这些无名英雄往往隐秘不为人知，但我们天天享用他们努力创造的果实。我们能够享有这些，是因为他们创造新事物、撰写程序，创作出美丽的艺术品，并且在自由与开放源码授权下释出它们。

我相信，我们正处于新文明的开端。

支持开放源码计划

每当我说“开放源码”（Open Source）时，人们要不就是不知其意，要不就是想到软件：“你说的是像Linux之类的东西，对吧？”没错，Linux、GNU，以及数以千计的其他计划，全部都是自由与开放源码，但它们只是其中的一个极小

① 这句话出自德鲁克，但许多人说过类似的概念。例如，美国计算器科学家艾伦·科提斯·凯伊（Alan Curtis Kay）在1971年全录公司帕罗奥图研究中心（Xerox PARC）一场会议中曾说：“预测未来的最佳方法就是开创它。”奇点大学的共同创办人彼得·戴曼迪斯（Peter Diamandis）也曾说过：“预测未来的最佳方法是自己开创它。”

部分。

开放源码并非只是软件，它是一种理念，相信分享比保密好。它证明合作比无止境的竞争更有成效，公开蓝图将可促进科学、文化、艺术，以及任何有益事物的发展。开放源码堪称所有人类成就中最突出的一个例子，在崇尚离群索居的阴暗风气中，它是一盏明灯，战胜我们的不开明。它使我对人类的未来怀抱希望，使我相信人类能够避开自我毁灭之路，继续前进。

过去三十年，开放源码理念已经渗透我们生活的每个层面。凡被它触及的事物都变得更好，它是一股不可思议的非凡力量，激发无数人为世界创造有益的改变。这股一开始只是出现于软件领域的力量，[①] 推进至近乎每一个其他领域——科学、艺术，甚至我们的社会文化。如今，我们有开放源码硬件（例如开放给业余爱好者、艺术家、设计师们的微控制器平台 Arduino），开放饮料〔开放可乐（Open Cola）和开放啤酒（Open Beer）〕，以及开放式书籍、开放式影片、开放源码机器人软硬件、开放源码设计、开放式新闻，甚至还有开放式治理的实验。

开放源码的开创者、Linux 之父林纳斯·托瓦兹（Linus Torvalds）有句名言：

"未来，就是把一切都开放源码。"

想了解这句话的含义，只需看你此刻阅读的这本书就行了。这本书得以出版，必须感谢我在一个网站上发起的群众募资计划。我用以撰写此书的软件大体上是自由与开放源码软件（Free and Open Source Software，FOSS），在重度倚赖 FOSS 的操作系统上执行，你用以找到这本书的浏览器可能也是 FOSS，例如 Google Chrome、Firefox、Safari 等都是。维基百科、创用 CC、YouTube 和 Vimeo 平台上的许多 Flickr 相片及影片，也是在某种自由与开放授权下释出的。近年间，开放源码计划风潮席卷了广泛领域，甚至包括闪光灯、感应器、自行车、太阳能板、3D 打印机等实物。

IndieGoGo 和 Kickstarter 之类的因特网社群，开始直接资助将帮助我们过更好生活的开放源码计划，其概念很简单：有创意、想进一步发展的人，可以在这类平台上与社群分享创意，向社群募集资金，以继续发展或完成他们的创意。感

① 别低估软件的重要性，在帮助改善我们生活的事物中，多数是软件。举凡医疗器材、服务器、个人计算机、手机、电子器材、街灯、因特网……许多我们视为理所当然的东西，若没有软件就无法运作。

兴趣的人做出投资，并且从日后的成果中获得回报。募集到的资金有超过九成给原创者与发明人，但他们的成果造福整个社群，许多人选择把源码与技术规格释出给大众，这就是开放源码的精神。

这是以你喜欢的方式来支持你喜欢的计划的好方法，你可以选择自己想支持的项目、自行决定你想赞助的金额，这能让你有成就感和掌控感，使你感觉是志同道合社群的一分子。最重要的是，它很公平，没有任何台面下的花招，没有特殊利益，不必贿赂政府官员，这是最佳的选贤与能。

Kickstarter 在 2012 年为此平台使用者的计划募集到超过 150000000 美元的资金，比美国国家艺术基金会（National Endowment for the Arts，NEA）2012 会计年度的 146000000 美元预算还要多。我们不能指望政府解决所有问题，若公共经费全都明智地花在能帮助所有人的计划与方案上，并且以最高效率运作，这自然很好。但我们知道，不论我们多努力尝试，这通常仍是痴心妄想。我们不能对政府完全失去信心，但我们也不应坐等，妄求有朝一日一切都将奇迹似地解决。我们必须谋求自己掌控，加快有益的变革。

我的建议是，尽你所能地支持那些对人类发展有益的开放源码计划，例如维基百科、创用 CC、电子前哨基金会（The Electronic Frontier Foundation），以及许多与你利益相关的小计划。不论你捐多少钱，50、20 或 1 美元，都做了贡献，不仅能帮助创作者与发明者及整个社群，也直接对你有益。若你能使用自己资助的开放源码计划创造出来的东西，降低你对金钱的依赖度，你将会获得相当的满足感。当某个东西变成开放源码提供给全人类时，将是一种双赢局面。

此时，从务实的角度来说，我可以想到你大概会想："是，这些听起来都很棒，但我无法靠维基百科维生。"其实，我反对这种说辞，这是无穷尽的知识与参考资源，为何不能靠它维生？不过，我懂你的意思，你指的是实物，能够赖以生存的东西，对吧？好，我在此提供你一个例子，但类似这样的例子很多。

马尔钦·贾库波斯基（Marcin Jakubowski）是个了不起的人，很多人谈论要打造一个更美好的世界，很多人有好点子展望未来的世界可以变成什么模样，贾库波斯基就是其中一位实际动手打造的人，他的目标是建立一个"后匮乏社会"（post-scarcity society），人们每天只需工作一两个小时维生，其余时间可以用来从事更高目的的活动。贾库波斯基正在为社会进化的下一个典范建立基石，他使用的全是开放源码的资源，他是个梦想家，但非常脚踏实地。

贾库波斯基在2011年的TED演讲中分享这个故事，该影片被翻译成42种语言，观看人次已经超过150万人。

我创立了一个名为“开放源码生态”（open source ecology）的社群，我们辨识出我们认为维持现代生活所需要的五十种最重要的机器，例如曳引机、面包烤箱、电路板打印机等。然后，我们决定要为这些机器创造出开放源码、DIY的版本，让人人都能用低成本建造及维修它们。我们称此为“地球村建设组”（global village construction set）。

让我为各位说个故事。我在二十几岁时，取得了博士学位，但我发现自己无用武之地，我没有实务技能。这个世界提供我其他选择，我接受了。我想，你可以称它为消费者的生活方式。我在密苏里州开辟了一座农场，学习经营农场的经济技巧。我买了一部曳引机，后来它出故障了，我付钱请人维修，后来它再度出故障，我也就没钱请人维修了。

我认知到，为了维持一座农场，以求温饱安身，我需要的低成本合适工具根本不存在。我需要坚固、模块化、高效率、最适化、低成本、可在当地取得的可回收材质，用来打造非常耐用、不会很快过时的工具。我发现，我必须自己创造它们，所以我就动手做了。然后，我进行测试，我发现小规模也能做到工业生产的水平。

接下来，我在维基系统网站上发表了3D设计、图解、指导影片与相关预算。不久，来自世界各地的同行开始现身贡献，为我们推出的机器打造原型。到目前为止，这五十种机器已经有八种设计好、打造出原型了。这项计划现在开始自行成长。

我们知道，开放源码运动已经成功产生用以管理知识及创造力的工具，相同情形也开始发生在硬件领域。我们聚焦于打造硬件，是因为硬件能够以实质、有形的方式改变人们的生活。如果我们能够降低农耕、建筑、制造的障碍，我们就能释放人类的巨大潜能。

而且，这不仅仅是开发中国家所做的事。我们有为美国农夫、建筑业者、创业者及制造业者打造的工具，我们看到许多相关人士因为现在能够创立一个建筑事业、零组件制造事业、小区协力有机农场，或是把电力回售给电力公司而感到振奋。我们的目标是建立一个非常清楚、详尽的机器设计蓝图数据库，只要用一片 DVD 烧录下来，就能作为开创文明的工具箱。

我曾在一天内种植 100 棵树，也曾在一天内用我脚下的泥土压制出 5000 块砖，或是用六天的时间打造出一部曳引机。在我看来，这都只是开始而已。

如果这个点子真的可靠、管用，那么它的实行将会产生重大影响。把这类生产工具更广为散布，产生符合环保的供应链，以及新的 DIY 自造文化，这一切将可望超越人为的匮乏。我们正在使用开放式硬件技术，探索人类的极限，共同创造一个更美好的世界。

携手合作，我们将可以共同展开转变，共创一个人人都受惠的开放社会，不再是一个保密以照顾既得利益者的社会。专门研究因特网技术影响的美国作家克雷・薛基（Clay Shirky）指出，维基百科代表的是集合了一亿小时人类思想的结晶，这一亿小时的思想与协作，创造出有史以来最大、最完整的百科全书："打造一个地球上人人都能免费取用所有人类知识的世界，这就是我们正在做的事。"把这拿来和看电视比较一下，光是在美国，全美人口每年总计看电视两千亿小时，也就是说，我们在一年中把可以打造两千个维基百科的时间花在看电视上，在每个周末把可以打造一个维基百科的一亿小时拿来看电视广告。

想想看，就算是只把两千亿小时的一小部分拿来做更有用的事，我们将能获致什么成就？可能性无限，我们可以共创一个真正美好的世界。

这些行动早已开始了，请加入行列吧。

用你的荷包投票——不是你想的那样

众所周知，政治深受大企业左右，大企业有力量进行广密的游说。我认为，在投票所投票的影响力与效果，远不如在购物商场投票的影响力与效果。想想看，当你决定购买某样东西时，你的投票影响力其实更大，因为你的购买将影响企业的策略，进而影响政治。

要说企业最了解、最在乎的一件事，那当然是获利了，更确切地说，是获利的流失。沃尔玛开始重视环保，并不是因为他们改变，突然想帮助环境，提供人们更健康的食品和更好的产品，而是因为他们看到市场，而这是因为人们的关心及兴趣转变了。哪里有市场，厂商就往哪里去。基本上，你在日常生活中都在用你的荷包投票，只是你没有意识到罢了。

下次你去购物商场拿起一件商品时，请先询问自己是否真的需要它——它只会带给你一时的满足，抑或真的很符合你的需要？你真的需要那第二十条牛仔裤吗？家里其他十九条牛仔裤呢？它们真的都不够好吗？那你当初为何要买？是不是你一开始很喜欢，但很快就不喜欢了？

把你不需要的东西都清掉吧，你可以去 eBay 或上街摆摊出售它们，或是把它们当礼物送出去。理性购物，别再当企业机器的奴隶，抓回你的生活掌控权。他们想要我们以为自由就是可以在 200 种牙膏品牌之间自由地做出选择，请尝试品尝真正的自由吧！

减少工作量，当个自雇者

回顾第十八章提供的建议，你可能没有注意到，它们全都有个共通点，那就是教你如何省钱，但不必牺牲你喜欢的东西。事实上，它们甚至可能帮助你过更健康、压力较轻、更幸福的生活。把所有建议结合起来，你可以看出，遵循这些建议，你一年可以省下数千美元。以往，你需要花掉这些钱，但现在不需要了，那么这些多出来的钱，可以拿来做什么呢？你可以明智地把它用在你将会很喜欢的事物上（参见第二十章），或者你可以更聪明地看出这代表你可以“减少工作”。没错，如果你需要花用的金钱数目减少了，何不去做部分工时的工作？何不离开收入较多，但你不大喜欢的工作，换一份你真正喜欢，但收入较少的工作？先尝试减少你对金钱的需求，然后试着减少一周的工作量，这也许是朝向更满足、压力较少的生活的第一步。

现在，减少工作量应该不是什么激进的观念了。英国智库新经济基金会（new economics foundation，NEF）一群经济学家在 2010 年发表了一份研究报告，建议人们缩短每周的工作时数，并说明理由及概要计划：“每周工作 21 个小时，有助于解决许多迫切、环环相扣的问题，包含过劳、失业、过度消费、高碳排放量、低幸福感、所得不均的根本问题，以及缺乏时间过有质量的生活。”这份报告写道：

“显著缩短每周的工作时数，可以改变我们的生活节奏、改变习惯与习俗，进而彻底改造西方社会的主流文化。每周工作 21 个小时的论据区分为三大类，反映三种相互关联的经济效益或财富源头，它们分别来自：地球的自然资源；日常生活中内含的人类资源、资产与关系；市场。我们的论点系基于一项前提：我们必须体认并重视这三种经济效益，确保它们结合起来符合永续性的社会正义。”

●保护地球的自然资源：显著缩短每周的工作时数，有助于破除为工作而活、为赚钱而工作、为消费而赚钱的习惯。人们或许可以变得不再那么依附高碳消费，改而更为依附人际关系、消遣娱乐，以及花费较少钱但更多时间的地方。这可帮助社会降低对高碳经济成长的依赖度，让人们有更多时间过更永续性的生活，并降低温室气体的排放量。

●维持社会正义及所有人的福祉：每周工作 21 个小时有助于把有薪工作的机会更平均分配给劳动人口，减少因失业导致的经济境况不佳，同时减少因工作时数长而太少自我掌控时间的情形。这或许可使有薪工作与无薪工作更平均分配给男性和女性；父母有更多时间和孩子相处，并且以不同方式度过相处时间；让想要延后退休的人们得以如愿；让人们有更多时间相互关怀照顾、参与地方活动，做他们选择做的其他事。每周工作 21 个小时，可让人们以符合个人和共同需求的方式更加善用自然人力资源，促进核心经济（core economy）繁荣。人们将有更多时间扮演平等伙伴，与专业人士及其他公共服务工作者一起从事共同创造福祉的活动。

●稳固繁荣的经济：显著缩短每周工时，可促使经济调适于社会和环境的需求，而不是反过来强制社会与环境去满足经济的需求。更多女性加入劳动力，将使男性工作者过更均衡的生活；同时，也有助于减轻周旋应付工作与家庭责任导致的工作场所压力，这些都将使企业受益。缩短每周工时，也有助于终结靠信贷助长的经济成长，建立韧性和适应力更佳的经济体系，同时保护公共资源投资于低碳产业策略及其他措施，以支持永续经济。

这种经济是生态经济学家赫尔曼·戴利（Herman Daly）等人主张及倡导的稳定状态经济概念，在韧性及适应力方面有很大的帮助。不过，在实行每周工作 21 个小时之前，必须先做到许多必要条件，前述这份报告清楚地说明了这种过渡阶段，并提出宝贵洞见。在其他条件不变的情况下，骤然缩短每周工时可能会引发逆火，我们已经在以往的实验（在 2000—2008 年的法国）中看到了这种情形，所以必须要有一些调整与配套措施。人类需要时间调适，所以必须有几年的过渡期保障合理收入，社会规范及期望也必须改变，更别提性别关系了。最重要的是，整个文化必须改变，人们必须理解改变为另一种制度的优点和必要性，大家才会自行要求这种改变，而不是抗拒改变。

我建议你可以尽早研拟计划，用几年的时间让自己过渡，朝向缩减每周工时或是一份收入较少，但能带给你更多满足感的工作。逃脱为赚钱而过度工作的陷阱，这并非一件易事，应该审慎而为，否则你可能会陷入非常不安稳的境况，尤其如果有家人倚赖你生活的话。请尝试使用本书提供的资源，探索新的可能性，别害怕求助于朋友、家人，甚至陌生人。一旦你打开心扉，尝试过不一样的生活，你将会发现有很多人愿意向你提供建议。

这是你的人生，你应该设法活得精彩、充实一点!

乐于支持改变，但别成为顾人怨

这是社会运动人士常忽略的一点，我参与非营利组织和社会运动已有很长的时间，自己也曾发起过一些社会运动，深知非活跃成员被他人教训应该过怎样的生活时可能会感到多气恼。最讨厌的莫过于有人对你说，你这辈子所做的一切全是错的，你应该改变生活。就算他说的没错（通常是错的），这也绝对不是说服他人加入变革行列的正确方法。

这是一种很糟糕的沟通策略。很少人的心胸会大到质疑伴随自己一辈子的理念与习惯，而且还能在顷刻间摆脱它们。就算出现了这种很罕见的例子，也不该诉诸如此直白、批评性的言辞，令对方惭愧难堪。采用别种沟通策略会更有成效，毕竟在现今世界维生已经够辛苦了，人们最受不了一些自以为是的环保人士登台高谈阔论教训大家。如果你希望别人加入你的行列，你必须让他们看到相关主张的价值，同时你也必须以身作则。我知道，用说的都很简单，周遭事物有时可能令你招架不住，但一径唱高调并不管用。我们生活在体制内，很多时候必须运用可用的工具来帮助推动变革，朝向更好的社会，否则我们将会变得和这个世界格格不入。我认为，独善其身、离群索居是目光短浅且自私的方法，所以我聚焦于共创未来，因为我认为那是更好的选择。

很多社会运动人士充满急迫感，我们所剩的时间固然不多，但也不能因此急躁，这反而会搅乱一切。我们必须找到最有成效的方式来推动变革，在采取任何行动以前，请先思考：这么做能产生多少效益？以肉类消费为例，我认识的素食主义者大多很能表述他们的选择及理由，问题是，他们当中有些人非常妄自尊大、言行激烈，把不认同他们主张的人视为谋杀者，并且蔑视他们。只需看看素食主义运动人士设立的网站和散发的传单，就能看到一些十分吓人的手法，试图博取观看者的同情心，激起他们的情绪反应。若你的目标是惊吓、激怒人们，使他们避而远之，这绝对是很有效的方法；但若你的目标是促使人们更意识到某个问题的严重性，你应该先尊重他们，然后让他们看到你选择的生活方式的优点。

想想看，说服10%的人完全不再吃肉，或是说服50%的人减少吃肉，哪个比较容易做到？答案很明显。葛拉罕·希尔（Graham Hill）在电子书《上班日吃素：终于有个合口味解方》（*Weekday Vegetarian：Finally，a Palatable Solution*）和TED演讲《我为何在上班日吃素》中，对相关概念有很好的阐释。想象你投入这类行动，在某个时间点，你看着桌上的最后一个汉堡或最后一块牛排，你知道从此以后，你再也不能吃这些了，你的心情如何？很多人不是很能接受如此断然的改变，但如果你用一种循序渐进的做法呢？上班日吃素似乎是更合理、较能令人接受的方法，多数人会愿意尝试，因为不需要急剧且彻底地改变自己的饮食习惯。另外，如果你减少到一周只吃一两次肉，你的肉类摄取量就减少了70%～80%。

同样的思维也适用于我们生活的每个层面。你很难100%地落实你的价值观，但你可以致力于诚实、不虚伪的生活方式，且不需要把自己搞得难以相处。

第20章 这样做，你也许会觉得更幸福

我在研究过程中，花了很多时间阅读自助类别的书籍。我到过20个国家，花了不少钱参加研讨会，深入探索幸福的奥秘。我想在此分享一些方法，让你不必花这些功夫、时间与金钱。

这或许是你等待已久的一刻，也可能是你选择阅读此书的深层理由，我将提供各位一些关于幸福的最可靠、最决定性的秘诀。这些方法其实已经存在了数千年之久，传过一个又一个英才之手，从达芬奇（Leonardo Da Vinci）到爱因斯坦（Albert Einstein），现在要公诸于世。准备好了吗？就是……

如果你的生活不大对劲，那是因为你发出了负面能量，然后它更加扩大地向你回响，因此你应该强迫自己经常积极正面思考。

●改变你的想法，改变你的生活，改变全世界。

●改变你的习惯，吃得更健康、多运动，这些将产生雪球效应，你的生活将往正面方向大转弯。

●若你想变得富有且出名，你的思考和行为就应该像个富有且出名的人。你可以购买头等舱机票，让你的周遭环绕着富人，你将会比你想象的更快成为其中一位。

我猜，这叫作“量子力学”什么的。等等，应该是“振动”？对，这听起来比较正确，是“振动”，“量子振动”！应该就是这个了①。

好吧，正经点。虽然我喜欢对近年来流行的自助学风潮找碴，但其中一些建

① 我注意到，过去几年有不少灵学人士、神秘主义者、各种江湖术士、自助学权威以及各种伪科学人士把“量子”这个名词用在很奇怪的背景中，把一些和量子力学完全无关、和科学无关的东西拿来和量子扯上关联。如果你对量子力学感兴趣的话，我建议你去看斯坦福大学教授李奥纳多·苏斯坎（Leonard Susskind）的免费在线授课。

议或许还真能帮上你，若你用稍微严谨的科学来思考与看待它们的话。

我想，你一定厌烦了阅读那些不管用的东西，那些对因与果没有明确区别的科学分析，以及伪装成神秘真理的老掉牙常识。那如果提出一些你能在日常生活中使用、但或许你还不知道的实用建议，听起来如何？我想，你应该感觉得出我对那些流行的自助学的看法——我认为它们大多是伪科学，一些贪婪的人在玩弄那些心急、无助、容易受骗的人们。不过，这其中倒是有一些你可以尝试的东西，或许有助于使你的生活变得更幸福些。

请注意，别把下文的建议当成照做清单，或是必须遵循的指导手册，以为只要自己照着做，一切问题就会奇迹似地解决。这些是持续演化的有机清单，它们是经过严谨科学实验得出的结果，对许多人进行过长期试验都呈现出一贯的形态。但这不是说它们对所有人或生活中的所有时刻都管用，不过总是好过没有建议，也好过那些伪科学的胡诌。切记，这些并不是规定，只是忠告，它们不是指令，只是建议，你很聪明，懂我的意思。

我不能向你保证这些方法就能带给你幸福，但我可以保证，我只会提出已经有研究证实有效，而且我自己也亲身尝试的东西。我能提供的“自助指南”最多就是这些了，但其实我比较希望你把它们当作建议，告诉你如何做出可持久的有益改变。请姑且相信它们的益处，并用你自己的步调尝试看看，不需要有压力。

学习品味生活

●正念静坐（mindfulness meditation）。许多正向心理学自助书籍要你相信，抛开不好的记忆和悲哀的想法，尝试用快乐取而代之才是比较正确的，甚至要你强迫自己这么做，但其实这不管用。比较有效的方法是，每天抽出一些时间让你的心思漫游。找个安静的地方，关闭手机，阖上你的双眼，徐缓地呼吸，试着放松。这能让你的身与心建立连接，觉知你在生活中经常暴露于过量的刺激物当中。

●把需要解决的事情写下来。不管你是否真的想到解决办法（想到解方自然更好），把你认为自己正在面对的问题写下来，这个动作可以帮助你聚焦，更透彻地看待这些问题。我们往往倾向于高估生活中特定事情的重要性或影响性，让自己的想法放大到左右了情绪。这个做法可以帮助你更理性地看待事情。

●把今天发生在你身上的好事写下来。小事很重要，但我们往往忽略它们，让它们过了就算了。一天结束时，请花片刻回想今天令你感到愉快的三件事，可能是你今天做过的三件好事，或是发生在你身上的三件好事。但请注意，这不是要你强迫自己快乐，或是强迫你只能有快乐的想法。这只是鼓励你回想自己可能轻易遗忘的快乐事物，如果你能够走下"快乐跑步机"，你将学会对生活多一点品味与感恩，而这能带给你好心情。

●运动。我们的身体是头脑的延伸，神经系统一直延伸到我们的手臂、腿部和肌肉。在控制条件下的实验证据显示，运动的人比不运动的人更快乐。但你不需要去上很花钱的运动课程，也不需要做激烈运动，可以从简单运动做起，就算只是跑个10~20分钟也行。如果可以的话，试试看用脚踏车取代汽车。经过一些时日，你就会开始注意到，运动使你感觉更好，而且有助于改善身材。事实上，有大量研究显示，走路是自然界最好的良药，每天走路至少30分钟对你的健康最有益。所以，如果你能把一天中坐着和睡眠的时间限制在23.5小时内，你就走在更健康、更幸福的路上了。

●好行小惠。研究显示，帮助别人会增加快乐感。想象你在路上捡到十美元，相较于你自己花掉这十美元，把它花在别人身上，你获得的快乐会更多。你可以请朋友喝杯咖啡、吃顿晚餐，或是送音乐会门票给他们。不过，未必要和钱扯上关系，亲手做的礼物、打电话关怀许久未联络的亲友、跟朋友一起唱歌……大的小的都可以。请注意，这里有两个重点：随机，友好。要是你开始每个月都送礼物给你的伴侣，他们就会习惯每个月都收到你的礼物，这会形成一种预期心理。这样一来，他们收到礼物时的快乐感便会降低，而且当他们没收到礼物时，或是觉得收到的礼物很廉价、没诚意时，就会感到失望。惊喜能使效果更佳，愈出乎他们的意料之外，效果愈好。

●创造新体验。这点和前一点同理，尝试新事物将帮助你走下"快乐跑步机"，摆脱适应了快乐的陷阱。但你不必做出什么重大的新尝试，比方说，如果你是右撇子，可以试试用左手刷牙；今晚回家时，试着走一条你不曾走过的路；吃吃看你从未听过的食物；尝试一种新运动。切记，这里的任何建议都别做得太急太过，强迫自己突然改变习惯或状态，对你没有多大好处，中庸为宜。

●制定小而务实的目标。我们喜欢怀抱大梦想，目标若特别具有建设性，就特别有成就感，能够体验到前文谈过的那种心流与干劲感。这当然很好，但是别忘了，生活是由许多小片段组成的，时时刻刻都很重要。你可以为自己制定很小的目标，甚至是简单到不行的目标，例如突然快跑一分钟。还记得小时候你从一张沙发跳到另一张沙发上，想象自己试着在避开一条熔岩河吗？就是类似这样。在你喝水时，试试看你能否在五秒内喝完。你必须尽快读完一本书吗？试试看在这个小时结束前读完两页。这些小目标很容易、不大费力，所以你会毫不犹豫地做，一旦你投入其中，就更可能会继续下去。

聪明消费

前文提过，当年所得高于 75000 美元以上时，所得的增加和你的幸福感的关联性就不大了。这是因为其他影响因素变得更重要，例如人际关系、家庭、朋友、抱负、梦想等，但这些并不是相互排斥的东西。三位心理学家伊莉萨白·邓恩（Elizabeth W. Dunn）、丹尼尔·吉尔伯特（Daniel T. Gilbert）与提摩西·威尔森（Timothy D. Wilson）在《消费心理学期刊》（*Journal of Consumer Psychology*）上发表了一篇研究报告，解释：“若金钱未能带给你幸福，很可能是你没有正确使用。”

我们往往花很多钱在带给我们短暂立即满足感的事物上，而不是花钱在使我们更幸福的事物上。未能正确预测快乐的未来后果是原因之一，再加上很少人用科学根据来处理有关幸福的疑问，我们往往倾向凭借我们的直觉，但直觉却几乎总是不正确。这三位心理学家花费多年时间进行非常严谨、仔细的研究，参考的文献数量多到非我们多数人能够详读，如果你不想阅读几千页的科学研究报告，你可以看看下列八点摘要，它们能帮助你更聪明消费。

1. 重视购买体验，而非物质数量。为了安慰刚刚收到坏消息的朋友，我们常会建议他们：“出去逛逛街，买个好东西安慰一下自己。”但这恐怕不是好建议，因为取得物质所带来的快乐持续不了多久，我们很快就会习惯那些东西。东西虽然还在，但难以分享，体验就不同了，它就像体验者一般独特，是可以预期、感受和记得的东西；最重要的是，我们可以和他人分享体验，他人是我们最大的幸福源头。

2. 多花钱帮助他人。人类是地球上社会性最强的动物，我们是唯一创造出复杂社会网络的物种，我们的社会网络甚至包含和我们没有直接关联的人。花钱在自己身上带来的幸福感，不如花钱在他人身上带来的幸福感，不论把钱用于慈善活动或朋友身上，都有助于提升我们的整体幸福感。而且，即使金额很小也一样，甚至光是考虑要这么做，都能够带来快乐。利社会支出（prosocial spending）对社会关系的影响程度非常大。

3. 购买许多的小快乐，胜过购买少数的大快乐。这份研究报告写道："适应有点像死亡，我们害怕它、抗拒它，有时会抢先一步阻止它，但最后输的总是我们。就像死亡一样，接受其无可避免性，或许对我们有好处。"由于我们最终会适应几乎任何事物，因此购买少数的大快乐其实并不值得，因为适应会使快乐感快速消退，倒不如学习、品味来自许多小事物的体验。当一个新境况愈是难以了解、解释、适应，就愈刺激。小而频繁的乐趣难以预料，它们带给我们惊奇，它们很新鲜。下班后和朋友一起喝啤酒的感受，绝对不同于和女朋友一起喝啤酒的感受；然而，你上周买的餐桌大致上不会有什么改变，很快就会失去新鲜感了。所以，请拥抱许多小体验的新鲜与不确定性所带来的兴奋感。

4. 少买一点付费保固。我们很容易适应好事，这是坏消息；好消息是，我们也很容易适应坏事。天有不测风云，任何事都有可能发生，但是过了一年左右，它们对我们的整体幸福感就没有多大的影响了。适应就像是一种心理免疫系统，保护我们免于坏感受过久。因此，为消费性商品购买昂贵的延长保固期，也许是不必要的情绪性保护。人们购买延长保固期及更宽限的退换货保险，为的是预防未来的遗憾，但研究显示，以快乐的短暂易退性来看，延长保固期未必能够带来快乐，退换货保险实际上可能反而有损快乐。

5. 现在付费，未来消费。立即的满足感可能导致你购买自己负担不起的东西，甚至可能让你购买实际上并不需要的东西。冲动消费使你无法做出理智决定，也消除了你的期待感，而期待感是重要的快乐来源之一。延后消费除了可以创造期待感、带来快乐，还可能以另外两种方式增进幸福：其一，它可能改变你的选择（你可能会做出更好、更明智的购买决定）；其二，它可能形成不确定性（如前所述，不确定性往往会带来刺激，增进快乐感）。所以，为了增进快乐感，请试着品味——甚至延长——是否要购物及购买什么的不确定性，并试着延长你想要的物品到手的时间。

6. 想一下你平常未思考的层面。在考虑购买一个东西时，我们往往会放大来看它的一些主要特色，但实际上，在取得后，这些特色可能无助于改善我们的体验。我们会看一件物品的主要特色，例如我们会注意到一栋房子有美丽外观，却没有注意到实际上会影响我们生活的许多微小细节。我们高估了主要特色的重要性，但幸福其实存在于平日的细节处。在做出重大的购买决定之前，请一并考虑物品的运作与维修，想想看在你拥有这些东西之后，你实际上会把时间花在上面？请先想一下，你平日的生活一天是怎么过的？想得仔细一点，思考一天的每个小时，然后再想这个购买决定对你这些日常作息有何影响？

7. 提防比较性购买。比较性购买的危险性之一是，我们在购物时做出的比较，未必相同于我们真正消费或使用这些东西时所做的比较。也就是说，我们购买某样东西的理由，并不是我们将会享受拥有那样东西的理由。所以，别为了比较而比较，别被比较给骗了，只考虑实际上会影响你的乐趣或体验的那些条件。

8. 多听别人的意见，别太听信你的大脑。不要高估你的预测能力，以为你可以准确预测到自己将会多享受某些东西。科学研究显示，我们很不擅长这件事。如果某样东西相当可靠地为他人带来快乐，那么它很可能也会带给你快乐。由于有了因特网，现在有大量网站让人们对自己购买的东西做出评价，叙述使用体验与感受。请在你的购买决策过程中，多考虑别人的意见和使用者评价，想象自己拥有这些东西后的可能情境。

最后，我们都知道金钱不是幸福的原动力，但正确使用金钱可以增进幸福。在决定花钱之前，不妨参考一下这八项原则，再决定需不需要花掉这笔钱。

第 21 章　未来是美好的

我最喜爱的电影之一，是李察·林克雷特（Richard Linklater）编导的《梦醒人生》（*Waking Life*）。[①] 这部片发行于 2001 年，使用转描机技术（rotoscoping）拍摄，内容由梦境和真实生活穿梭交织而成，深富哲理，发人深省，深深影响了我的人生以及我看待世界的方式。

电影中有一幕特别含有关于看待未来的哲理，我认为这一幕贴切传达了活着的本质，在这里特别与各位分享。

火车上的男子：嘿，你是不是个梦想者？

威利：是啊。

火车上的男子：我近来已经很少看到梦想者了。梦想者现在的处境变得很艰难，他们说梦想是死路一条，没人再做春秋大梦了。其实，梦想不是死了，只是被遗忘了。从我们的语言中移除，没人再教它了，所以没有人知道它的存在，梦想者被驱逐到阴暗的角落。不过，我打算改变这些，我希望你也一样。做梦，而且天天做梦，用我们的手做梦，用我们的脑袋做梦。我们的地球正面临有史以来最严重的问题，所以不管你做什么，都别感到无聊。

这个简单但往往被遗忘的事实，在今天更加真确。自 20 万年前人类史展开以来，我们遥望星辰、注视焰火，让想象力尽情驰骋。我们的大脑进化出新皮质层，发展出语言、抽象思考及欲望。我们克服了环境，决定不要被动地接受自然环境带给我们的命运。我们能够想象一个不同的世界、一个更好的未来，而且我

---

① 《梦醒人生》是一部美国动画片，由林克雷特导演，在 2001 年发行。整部电影使用真人数字影像拍摄后，再由一组艺术工作人员使用计算机描绘及上色。这部影片以梦的性质、意识、存在主义为主轴，片名衍生自哲学家乔治·桑塔亚那（George Santayana）的格言：“理智是善用疯狂，梦醒人生是受控的梦境。”

们有能力落实。

这个世界很大，但也很小，这是我们的社会，一个复杂的有机体，看似难以了解或掌控，但几个简单但强而有力的概念就能改变一切。

有人要我们相信，个人行动不可能有望影响百万人，甚至数十亿人。千万年来，个人只能希望用整个人生稍微改变历史，也许只能影响一百人或至多几千人而已。但是到了今天，我可能有机会用十年的时间改善人们的生活，受惠人数远多于人类史上任何人施惠所及，而且你也可能做到，这是以往无人拥有的殊荣。一想到我们是第一个拥有这种机会的时代，就令人振奋和激动，这实在是太美好了！

我要用那位火车上的男子所说的最后一句话为本书画下句点，它道出了林克雷特的心声，也道出了我的心声：

“这绝对是我们此生能盼望到的最振奋时刻，一切才刚开始。”

附　　录

附录 A　明智花费，提升家庭生活质量

我在本书第十八章叙述个人可以透过“慢活”，运用各种方法逐步提升生活质量。这篇附录以相当典型的意大利四口之家的基本开销为例，为各位提供范例。当然，我知道每个家庭的规模不同、需求也不同，不同国家有不同的法律、税赋和生活成本。举例来说，美国的薪资所得不会预扣税额，但意大利和多数的欧洲国家则会代扣税额，用以支付大部分的医疗费用和政府提供的其他服务。我知道存在着许多差异性，我只是想用真实资料来检视潜在问题。

表 A－1 是我家 2011 年的开销，我家有五个人，包含我的父母、我的弟弟、我的妹妹。我们住在意大利北部，算是中产阶级。我把开销分为几大类，再把欧元换成美元，得出当年的总开销为 45400 美元。我只列出我认为维持基本生活所需的大致开销。

各位一看就知道哪些项目的花费比较大，汽车开销最高，合计 15000 美元。我把汽车开销分为贷款成本（平均每辆车两万美元，均摊平均寿命八年）[①]，以及每年的保险费用、税款、油钱、保养与维修成本等（三辆车约为 7500 美元）我母亲的工作地点在住家附近，很乐意骑脚踏车代步。我弟弟有很多同事，后来决定与他们共乘，以分摊油钱。但我们仍然需要一辆车，因为我父亲经常旅行，而且一般来说，一个家庭至少需要一辆车。

表 A－1 的第二大开销项目是食物，一年约为 12000 美元。我们自己栽种蔬果，一年可节省 3000 美元（参见第十八章）。经由住屋的节能改装，电费与瓦斯费的开销（分别为 2000 美元及 3000 美元），也可显著降低。在此同时，因为我

① 《消费者报告》（*Consumer Reports*）指出，现在一辆新车的平均寿命约为 8 年，或是 15 万英里（1 英里＝1.609344 公里）。

们改为依赖大众运输工具和汽车共乘，所以旅行成本增加。

经过这些调整，新的家户开销数字如表 A－2 所示，一年的总开销从 45400 美元降至 28900 美元。当然，这无法在一年之内做到，因为住屋的节能改装和替代能源的投资成本，可能得花三个月到八年才能回收。我们必须用多年计划来评估这些改变，这并非奇迹似地解决一切的快速解方。

表 A－1　我们家 2011 年的大致开销，一个普通的意大利四口家庭

支出项目	年支出(美元)
食物	12000
电力	2000
瓦斯(供热与烹饪)	3000
税(财产税、水费、垃圾处理费)	1000
房屋保险	700
三辆车的贷款	7500
三辆车的开销(税、保险费、油钱、维修费)	7500
衣服	3000
旅行(火车、巴士)	2000
意外支出	3000
医疗费用	3700
总计	45400

表 A－2　同一家庭进行节能改造后的年开销预估

支出项目	年支出(美元)
食物	9000
电力	0
瓦斯(供热与烹饪)	500
税(财产税、水费、垃圾处理费)	1000

（续表）

支出项目	年支出（美元）
房屋保险	700
一辆车的贷款	2500
一辆车的开销（税、保险费、油钱、维修费）	2500
衣服	3000
旅行（火车、巴士、汽车共乘）	3000
意外支出	3000
医疗费用	3700
总计	28900

附录B 成长的迷思

美国总统奥巴马（Barack Obama）在2012年对国会发表的国情咨文中，勾勒出一个重振美国的计划，几乎所有提案都有一个共通的基本假设：如果想要改善情况，必须使经济成长。他提出的每项政策都有一个基本原理：透过劳工就业来刺激经济成长，将是重建平衡、使所有人更幸福的驱动力。

听起来很有道理？由于经济成长，每一个工业化国家的人民生活水平都提升了，可说经济成长使我们走出贫穷。我们从农业为主的经济，迈入机器不停大量生产，把地球上的市场全球化。经济成长带给我们种种奇妙的东西，使我们的生活更便利，大体上也变得更好。我们有四通八达的平坦道路、灯光、火车、电力、飞机、自来水、计算机、手机、宽屏幕电视、因特网、现代医疗等。不到一世纪的时间，我们的寿命增长一倍；经济成长不仅使我们的生活更享受，还使我们的生命增长为两倍。

很好、很棒，十分了不起！我们应该无限地循着这条途径，它将能够解决我们所有的问题，我们会活得愈来愈好！在骤下结论之前，先来看看我们能够持续这样的光景多久。

经济成长与能源消费

我们是猎人，也是强盗，无处不往，只有大地、海洋及天空能够围住我们，但阔路仍在轻声地呼唤我们。我们这水陆形成的小星球，是容纳了数百、数千、数百万个世界的疯人院，我们连自己的地球家园都管理不好，充满了对抗与仇恨，居然还想去太空探险？等到我们准备好殖民最靠近的另一个星系时，我们都已经变了。届时，无数的时代更迭已经改变我们，生活需求也已经改变我们。我们是适应力强的物种，殖民南门二星（Alpha Centauri）和其他附近星球的，将不会是我们，而是和我们很像，但长处多于我们、缺点少于我们的另一个物种。他们更有自信、更有远见、更有能力，也更深谋远虑。尽管我们有种种缺点与不足，也很容易犯错，我们人类还是能够有伟大的成就。

——卡尔·萨根，《暗淡蓝点》(The Pale Blue Dot)

并不是很久以前，我们是游牧之民，居住在能够狩猎、采集之地。我们当时也是人类，但有几十万年的时间，我们的生活方式非常不同于现今的生活方式。人类以小部落方式生活，受限于自然界元素，辛苦求生。后来，环境改变了我们，先是农业，再是工业革命，加上发现了便宜且丰富的能源，引领我们进入科学发现、探索，一个看似无限成长的时代，为我们带来现在视为理所当然的种种现代舒适。举凡计算机、你现在阅读的这本书、室内灯光、舒适的冷暖气、电力等，这所有的一切若非汇集了人类的聪明才智、技术、能源，以及推动这一切的经济制度，不可能发展出来。

以美国为例，使用来自美国能源信息署（Energy Information Agency）的资料，把1650年起美国的能源使用量绘制成图，可以看到能源消费曲线呈现非常平滑的轨迹，几乎每年稳定成长3%。在图B-1上，你可以看到自1650年以来美国所有形式能源的总消费量，纵轴使用对数刻度，使得恒速成长率下的一条指数曲线看起来近似一条直线，该直线代表年成长率2.9%。

现在，我们来做个思考实验。假设美国的能源消费继续此成长轨迹，就像大野狼威利（Wile E. Coyote）追赶"无穷能源"哔哔鸟（Road Runner）一样，试问在多久之后，我们会发现地下没有能源了？最后会像大野狼威利那样掉落悬崖？

为了简化起见，我们保守一点好了。假设每年能源消费量成长率为2.3%，而非过去的实际年成长率3%——我选择使用这个年成长率，是因为这能让我们便利地使用费米推论法（Fermi estimate）的思考实验，在此成长率下，每一百年增长十倍，[1] 所以一百年后的能源消费量，是现今能源消费量的十倍。

[1] 还记得"70法则"吗？即一个数值以固定速率成长，若你想知道此数值需要历经多久后才能增倍，你只需要把70除以成长率即可。想知道增为两倍需要历经多久时间，使用的公式是100乘以2的自然对数：100ln（2）=69.3147181，大约为70。想知道增为十倍所需花费时间（十倍时间），我们使用的公式是100ln（10）=230.258509。230÷100=2.3，也就是说，在年成长率2.3%的情况下，每100年增为10倍。

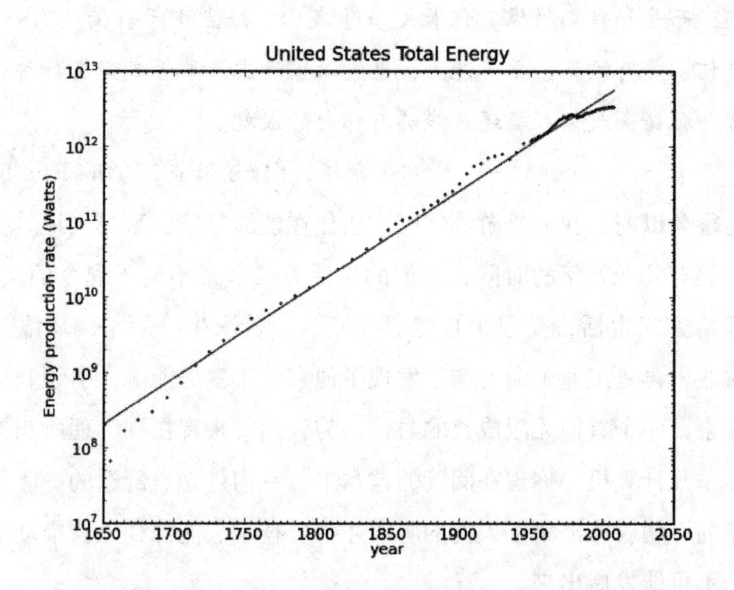

图 B－1　自 1650 年起美国所有形式能源的总消费量。

制图者：加州大学圣地亚哥分校物理系教授汤姆·墨菲（Tom Murphy）。

目前，全球电力消费量约为 15 兆瓦，以 70 亿人口来公平分配的话，平均每人应该消费 2000 瓦出头。美国和加拿大人均使用量约 1 万瓦，几乎是全球公平分配量的五倍。欧洲国家虽然生活水平和北美国家差不多，但电力使用量控制在大约只有北美地区的一半，例如意大利是 3600 瓦，英国是 4200 瓦。墨西哥人均用电量正好约为 2000 瓦，孟加拉国人均用电量仅 200 瓦，落在最少的那一端。现在，想象我们把地表全部土地面积铺上高效率的太阳能板，能量转换效率约为 20%，将可产生 7000 兆瓦的电力，大约是我们目前用量的 470 倍。

前面已经算出，在年成长率 2. 3% 之下，每 100 年增为十倍，因此 15 兆瓦会变成 150 兆瓦，再过一百年就会变成 1500 兆瓦，从现在起算的 300 年后将是一万五千兆瓦，这个需求量超过整个地球产生的太阳能电力的两倍。实际上，只要循着这个消费轨迹 270 年，整个地球产生的太阳能电力就已经不敷我们所需。270 年听起来好像很长，但以人类文明史来看，就像转瞬一般。

为什么我要这么悲观呢？到了那个时候，太阳能板的能量转换率一定已经超过 20% 了，还会有新智慧和新技术，充满无限的可能性啊！好吧，咱们就嘲笑那该死的热力学，就算未来的太阳能板能量转换率将可达到 100%，但这也只能为我们再挣个70年。喔，对了，刚刚说只要把地表全部土地面积铺上太阳能板（谁还需要食物呢?），我们为何不把脑筋也动到海洋面积上？只要设法弄出巨大的光电太阳能板，像整个地表面积那么大，并且把它的能量转换率提高到100%，别管这样一来，几乎所有生命（包括我们在内）都将被毁灭了，因为我们需要更多能源！不过就算这样，最多也只能为我们再挣个55年，所以大约在400年的持续成长之后，我们就会耗尽来自太阳的全部能源。

此时，你可能不以为然，因为我们还有其他能源啊！需要我提醒你，生物质、风力发电和水力发电等，这些全都得靠太阳辐射吗？那么，化石燃料呢？首先，我们都知道，它们很快就会用尽了，在这个世纪结束之前，它们都将枯竭。再者，化石燃料也是靠太阳，它们是死掉的植物历经几百万年变成高浓度的碳氢化合物能源。截至目前，我们有三种能源不需要靠太阳光：核能、地热、潮汐，后两者所能产生的电力分别只有几兆瓦，所以不影响我们的分析。

我知道，读到这里，《银河飞龙》迷大概已经受不了我这种简单头脑和毫无远见了。为什么要把我们都束缚在这个地球上？未来显然是在太空中啊！我们何不设法建造一个戴森球（Dyson Sphere），用太阳能板把整个太阳都包覆起来？而且，我们可以把这些太阳能板弄得超薄（4毫米厚度），这样就有100%的能量转换率。姑且不论这将需要使用相当于一整个地球的材料，在2.3%的成长率之下，这也只能供给我们1300年的能源。

可能有读者认为，我显然在钻死胡同。为何要耗尽地球的生命泉源呢？让阳光继续闪耀，我们可以使用其他星球啊。我们有一整个银河系做靠山呢，有一千亿颗星球等着被我们的能源“黑洞”吸光！姑且不论克服光速的问题，因为到那时我们一定已经解决这个问题了，就让我们假设我们能够星际旅行吧。还记得每一百年增为十倍吗？一千亿是1100，所以银河提供的能源，只能让我们再撑个1100年。所以，从现在起算约2500年后，我们将消耗大银河系提供的能源，而且这是假设我们可以做到100%的能源转换率（可能吗?），还能够克服光速限制（非常不可能）；此外，我们用来搜集和输送另一个星球的能源所需使用的能源，必须少于我们从该星球搜集到的能源（我可不会对此下注）。

假设我们都成功克服了这些“小型”的工程问题，到那个时候我们将有负能源船可以折合时空，也能够驾驭量子力学及其神秘的穿隧效应（tunnelling effect)，核融合也将会是轻而易举的东西，能为我们提供无限能源和永远的繁荣，对吧？唉，简单一句：不是。不论什么技术，在能源消费成长率维持2.3%的情况下，我们必须在四百年内产生相当于整个太阳供给的能源。就算我们建了一座核融合厂，热的问题也难以解决，因为根据热力学，若我们在地球上生产出匹敌整个太阳的能源，远比太阳还小的地球，地表温度将会比太阳表面还要热！

这样的结果显然很荒唐，因为我们不可能为了创造更多能源而把自己煮熟，也不可能把地球变成一个人类物种完全无法居住的地方。从纯粹数学与物理学的角度来看，我们知道下列这点：在能源消费呈指数成长的情况下，我们的经济将无法继续成长，这是不可能的事，不论发展出什么技术，不论我们变得多么富有创造力、多聪明，不论有什么能源，热力学不会让我们的经济继续成长。也就是说，如果我们继续信奉以往的成长典范，这些成长必须以不需要实物或能源为基础。这是什么意思呢？就是在不打破物理定律下，继续成长的唯一之道是只生产无形的产品与服务。

说得明白一点，就是我们所有人都得变成音乐家、作家、心理学家或按摩治疗师！我们所有人都得互相销售我们人生的每一个时刻，不仅是我们的知识与专长，还有我们的知识与创造力，以及我们的创意与亲密度，而且价格总是愈来愈高。换言之，我们将生活在虚拟世界，就像在线游戏《第二人生》（*Second Life*），或是脸书或推特的某种进化版。我们会向彼此销售数字产品，使用数字货币。其实，在我们目前生活的许多层面，我们已经开始了这种游戏化，何不把它推进至下一个层次呢？一切都将变成大规模的游戏，多么光明的未来啊！

听起来很荒谬，对吧？我也同意。但这是能让我们的经济继续成长，而不撞上一种不仅荒谬，而且根本不可能做到的情境的唯一途径。

令人惊讶的是，这些可能的结果不但并未引起主流经济学家的争论，他们甚至予以漠视。我找不到任何一位经济学家站出来和物理学家及数学家辩论这种分析的正确性，他们选择不予理会。但是，这种“不看，不听，不言”的游戏，我们还能继续玩多久？就连非常了解指数成长的含义，知道指数成长将如何影响全球经济的未来学家柯兹魏尔，似乎也并未对这些可能结果感到不安——别误会我的意思，柯兹魏尔是非常聪颖的人，如果连他都不担心了，会不会是我疏漏了什么呢？可是，我和经济学家及未来学家相谈，阅读他们的著作，仍然找不到对此难题的解答。他们认为，经济会自行找到出路，因为……呃，经济向来都自行找到出路。除了地球以往的成长（但以往的成长从未接近实际上可能发生的物理极限），如果还有别的证据支持的话，这种套套逻辑重复说一样的话倒也可以理解。

我听过几个不认同“不可能继续成长”论点的批评，其中一个说我没有考虑到市场机制的最重要层面：效率。这种批评的论点大致如下：伴随技术进步，效率跟着提升，所以没有理由担心，市场会自我调整。我想让各位知道，提出这种论点的人要不就是没有察觉自己犯了错，要不就是在撒谎。但让我们姑且信之，我说他们大多是很真诚的人，只不过是没弄清楚自己的论点罢了。

我们来看看效率论的逻辑。必须先了解的一点是，不论你使用什么技术，不论你有多聪明，不论你是多么优秀的创业家，你能达到的效率提升必定有物理极限。不论你再怎么努力，都无法超越100%的效率。事实上，根据热力学原理，你甚至不可能达到100%的效率，但我们能够做到十分接近目标的程度。化石燃料及核能电厂的能源转换效率为30%～40%，汽车的能源转换效率为15%～25%，因此热引擎大约占据美国总能源用量的2/3——交通运输工具占了27%，发电占了36%。提出此分析的加州大学圣地亚哥分校物理系教授汤姆·墨菲（Tom Murphy）写道：

以汽油为动力的车子，能源使用效率无法有显著的改善，但是改用电动传动系统，就可显著改善效率。每加仑跑64.37公里的汽车，可能使用一个效率20%的汽油引擎，反观使用电池的传动系统，可能达到70%的效率（电池充电的效率约85%，电动车的效率约85%），这3.5倍的效率改善代表每加仑可跑225.3公里。不过，要特别注明的一点是，若这电力是来自能源转换效率40%、传输效率90%的化石燃料发电厂，这种效率的提升就会降低至只有25%，差距就不是那么大了。由于我们的能源用量有2/3被用于热引擎的燃烧，而这部分的效率改善无法超过一倍，其他领域的效率显著提升的价值就相对降低了。举例来说，用效率达到最高理论效率水平的热帮浦来取代用于直接产生热能（例如暖气炉和热水器）的能源预算的10%，等同于用1%的支出取代10%的支出，虽然十倍的改善听起来好像很不错，但社会的整体能源使用效率改善度只有9%。同理也适用于电灯泡的更替，虽然效率提升很多，但是只发生在占能源用量甚小的区块。

当然，我们仍应继续追求这些效率改善，但我们不能期望这些改善能为我们提供无限的成长。

总而言之，在达到理论极限、面对工程现实之前，我们最多只能期望净效率的提升增加一倍。以目前的整体效率提升率 1% 而言，这意味我们可能在这个世纪就达到效率提升的极限了。效率论的潜力就只有这么多而已。

如果你觉得我在这“不可能继续成长”论上，实在谈得太多、令你疲惫不堪，请原谅我。但我还是要强调我先前所说的：我们谈的这些，和技术、时间或市场无关，这根本是物理限制。不论我们怎么做，在每年 2.3% 能源用量成长率之下（这已经比过去 150 年间的成长率要低很多了），我们在几十年后就会达到物理极限，这绝非长期的生存之计，不是吗？而且，就算不去过度展望未来，效率上的限制将使我们多数人在有生之年受到影响，至于我们的孩子受到的影响就更不用说了。这件事其实一点都不有趣，下次你听到某人声称经济可以永远持续成长，而且说你不了解是因为你没有把效率考虑进去，你知道应该如何回应了。

结论是，我希望我们能够更宏观地看待这个课题。诚如墨菲教授所言，我们整个社会就像小孩要求父母买匹小马给自己养一样，但其实都还没学会如何照顾沙鼠（油峰、环境恶化）呢，竟然开口要求一匹小马（核融合或任何我们以为的无限能源供给、太空殖民、无限成长），这是既自大又不负责任的行为。

我们不能总是像个被宠坏的小孩，该是长大、向前迈进的时候了。

最后致谢

我在 IndieGoGo 平台上向群众募资时获得一些人的支持，在此向他们致谢：萨瑞齐欧·毕索尼（Maurizio Bisogni）、苏西·奎利斯（Susi Guarise）、西蒙·罗达（Simone Roda）、亚历山德罗·隆卡（Alessandro Ronca）、西里欧·马齐（Sirio Marchi）、罗伦佐·葛瑞斯班（Lorenzo Grespan）、索伦·拉森·施密德（S? ren Lassen Schmidt）、史帝夫·腓特烈（Steve Friedrich），以及杰森·索德斯（Jason Souders）。

再次感谢他们的支持。